AF287699

Alfred Heinrich Bucherer

Elemente der Vektor-Analysis

Mit Beispielen aus der theoretischen Physik

bremen university press

Alfred Heinrich Bucherer

Elemente der Vektor-Analysis

Mit Beispielen aus der theoretischen Physik

ISBN/EAN: 9783955622213

Auflage: 1

Erscheinungsjahr: 2013

Erscheinungsort: Bremen, Deutschland

bremen
university
press

ELEMENTE

DER

VEKTOR-ANALYSIS.

MIT BEISPIELEN

AUS DER THEORETISCHEN PHYSIK.

VON

DR. A. H. BUCHERER,

PRIVATDOZENT AN DER UNIVERSITÄT BONN.

ZWEITE AUFLAGE.

LEIPZIG,

DRUCK UND VERLAG VON B. G. TEUBNER.

1905.

Vorwort zur ersten Auflage.

Unter den verschiedenen Disziplinen der Mathematik nimmt die Vektoranalysis eine eigenartige Stellung ein. In ihr finden wir die Begriffe der Algebra erweitert und in einer Weise auf das Rechnen mit geometrischen Größen angewandt, daß wir mit diesen Größen direkt rechnen können, anstatt mit den kartesischen Koordinaten derselben, welche mit ihnen künstlich verknüpft sind.

Daß eine solche Methode ein wichtiges Hilfsmittel in der Physik abgeben würde, konnte vorausgesehen werden. Und in der Tat findet das Rechnen mit Vektorgrößen eine beständig zunehmende Anwendung. Indem hierbei die Denktätigkeit auf die in der Physik vorkommenden geometrischen Größen selbst gerichtet wird, anstatt auf die mit ihnen verknüpften Zahlen, gewinnen die Denkoperationen an Kraft, Lebendigkeit und Anschaulichkeit.

Hierzu kommt noch ein anderer Vorzug. Die Symbolik der Vektoranalysis ist eine überraschend einfache und übersichtliche. Operationen, welche bei Verwendung von kartesischen Methoden verwickelt und schwierig erscheinen, werden kurz und einfach, wenn sie in ihre Äquivalente in der Sprache der Vektorenrechnung übersetzt werden, ohne dabei an umfassender Bedeutung und Bestimmtheit einzubüßen. Die Vorbereitung eines elementaren, speziell für Physiker bestimmten Werkchens über Vektoranalysis bedarf daher wohl keiner besonderen Apologie, zumal es bisher an einem solchen in deutscher Sprache verfaßten und separat ausgegebenen Werke gefehlt hat.

Bei der Ausarbeitung der Elemente der Vektoranalysis ließ ich mich hauptsächlich von praktischen Erwägungen leiten. Es lag mir weniger daran, eine erschöpfende Abhandlung über den Gegenstand zu schreiben, als vielmehr den Studierenden der Physik so bald wie möglich in den Stand zu setzen, die vektoriellen Methoden zur Lösung und Bewältigung physikalischer Fragen anzuwenden und ihn vor allem dazu anzuregen, sich dieser Methoden auch allgemein beim „physikalischen Denken" zu bedienen. Er wird sich so bald des Vorteils bewußt werden, den ein Operieren mit sinnfälligen räumlichen Beziehungen über ein solches mit reinen Abstraktionen besitzt.

In der Form der Darstellung habe ich mich im großen und ganzen Heaviside angeschlossen und mich dabei derselben Symbole bedient, wie A. Föppl in seiner vorzüglichen, im selben Verlage erschienenen 'Einführung in die Maxwellsche Theorie'. Gleichwohl habe ich es für zweckmäßig gehalten, die von Graßmann herrührende Zuordnung von Flächen zu Vektoren ausgiebig zu verwerten. Die Ableitung mancher Theoreme gewinnt dadurch an Einfachheit. Angesichts des eigentlichen Zweckes dieses Buches und seines elementaren Charakters glaubte ich davon absehen zu müssen, in funktionentheoretische Erörterungen einzugehen, und ich habe mich demgemäß hauptsächlich darauf beschränkt, solche physikalische Vektoren der Untersuchung zu unterziehen, denen eine stetige Verteilung im Raume zukommt.

In der Wahl der Beispiele habe ich mich von der Absicht leiten lassen, ein möglichst vielseitiges Bild von der Anwendbarkeit der vektoranalytischen Methoden zu geben. Eine Anzahl von Beispielen wurde besonders für diesen Zweck ausgearbeitet und gelangt zum erstenmal zur Veröffentlichung.

Bonn, im Dezember 1902.

A. H. Bucherer.

Vorwort zur zweiten Auflage.

Zur Zeit als ich die erste Auflage dieses Werkchens verfaßte, waren die Erörterungen und Beratungen bezüglich einer einheitlichen Symbolik der Vektoranalysis noch in Fluß. Seitdem wurde durch die Annahme einer zweckmäßigen Bezeichnungsweise durch die Bearbeiter der Enzyklopädie ein wichtiger Schritt vorwärts getan. Ich habe diese Festsetzungen in der vorliegenden Auflage angenommen, indem ich der Ansicht bin, daß eine Verbreitung der vektoranalytischen Methoden wesentlich durch eine einheitliche Schreibweise gefördert werden wird. Nur in einigen unwesentlichen Punkten bin ich von der erwähnten Bezeichnungsweise abgewichen. Ich bezeichne z. B. die Komponenten des Vektors $\mathfrak{A}$ nach den Richtungen der zunehmenden x, y, z eines Koordinatensystems mit $\mathfrak{A}_x$, $\mathfrak{A}_y$, $\mathfrak{A}_z$ und die Absolutwerte dieser Komponenten mit A_x, A_y, A_z oder mit A_1, A_2, A_3. Nachdem nämlich festgesetzt ist, daß allgemein Vektoren zur Unterscheidung von den Skalaren mit deutschen Buchstaben zu bezeichnen sind, erscheint es konsequenter, die Zahlenwerte der Komponenten durch lateinische Buchstaben zu kennzeichnen. Ich empfehle diese Schreibweise zur allgemeinen Annahme. Eine weitere Abweichung habe ich gemacht durch Beibehaltung des Zeichens ∇^2. Die nahe Beziehung, in welcher dieses Symbol zu dem Operator ∇ („Nabla") steht, kommt hierdurch zu besserem Ausdruck als durch das Zeichen Δ.

Am Plane des Buches habe ich nichts geändert. Ohne den elementaren Charakter des Werkes zu ändern, konnte ich dem von geschätzter Seite geäußerten Wunsche, ein Kapitel über die Funktionentheorie des Vektors hinzuzufügen, nicht nachkommen.

Versehen, welche mir beim Lesen der Korrektur der ersten Auflage entgangen waren, habe ich berichtigt. Beim Lesen der Korrektur dieser Auflage wurde ich in dankenswerter Weise von Herrn Dr. P. Nordmeyer unterstützt.

Bonn, im März 1905.

A. H. Bucherer.

Inhaltsverzeichnis.

Einleitung.

Allgemeines über Vektoren.

Unterwirft man die in der Physik vorkommenden Größen einer Untersuchung bezüglich ihres begrifflichen Inhalts, so gelangt man bald zur Unterscheidung von zwei wesentlich verschiedenen Kategorien: Die erste Klasse von Größen ist dadurch ausgezeichnet, daß .ihnen außer ihrem numerischen Werte eine Richtung zukommt. Hierhin gehören die Begriffe: Geschwindigkeit, Kraft, elektrische Verschiebung. Man nennt diese Größen Vektoren und kennzeichnet sie durch deutsche Buchstaben. Den Vektoren gegenüber stehen die Skalare, Größen, welchen nur ein Zahlenwert zukommt. Zu den bekanntesten Skalaren gehören Masse, Energie, Dichte, Temperatur. Skalare werden durch lateinische Buchstaben gekennzeichnet.

Eine Betrachtung der angeführten Beispiele von Vektoren läßt erkennen, daß zu ihrer eindeutigen Bestimmung die Angabe des Ortes gehört, auf welchen sie sich beziehen. Wenn man nach der Geschwindigkeit eines Stromes fragt, so kann man auf diese Frage nur dann eine eindeutige Antwort geben, wenn gleichzeitig die Stelle im Strom bezeichnet wird, für welche die Geschwindigkeit angegeben werden soll. Ähnlich verhält es sich mit der elektrischen Kraft, welche in der Umgebung eines geladenen Körpers auftritt. Man kann die Kraft, welche auf eine Probeladung ausgeübt wird, für jeden Punkt des umgebenden Raumes angeben. Man sagt dann: es besitzt der betreffende Vektor in den beiden angeführten Beispielen eine räumliche Verteilung. — Ein der Untersuchung unterzogenes Gebiet, in welchem ein Vektor eine räumliche Verteilung besitzt, nennt man **Vektorfeld**. In der Mechanik werden wir auch mit Systemen bekannt, in welchen Kräfte in vereinzelten Punkten angreifen. Die als Vektoren dargestellten Kräfte sind dann den Angriffspunkten zuzuordnen. Allgemein erfordert die eindeutige Bestimmung jedes eine rein physikalische Größe darstellenden Vektors die Angabe des Ortes, auf welchen er sich bezieht. Diese Erkenntnis ist von Wichtigkeit. Völlige Klar- heit hierüber wird das Verständnis der Vektoranalysis sehr erleichtern.

Man verwendet in der theoretischen Physik auch Vektoren, welche nicht Punkten des Raumes zugeordnet sind. Wir wollen diese Vektoren als **Hilfsvektoren** bezeichnen, ohne durch eine solche Bezeichnung eine mathematische Unterscheidung andeuten zu wollen. Vielmehr dient sie rein physikalischen Zwecken, ebenso wie die abgekürzte Bezeichnung „physikalischer" Vektor für einen Vektor, welcher eine physikalische Größe darstellt.

Ein häufig vorkommender Hilfsvektor ist der **Radiusvektor**. Verschiebt man einen beweglichen Punkt geradlinig von P_1 nach P_2, so ist diese Lagenänderung mit einem Zahlenwerte, nämlich der Länge der Strecke $P_1 P_2$ und mit einer Richtung, nämlich der Richtung von P_1 nach P_2 verknüpft. Die Verschiebung hat also vektoriellen Charakter, ist aber ohne weitere Vereinbarung nicht einem Orte zugeordnet. Legt man den Punkt P_1 fest und zieht von ihm aus Radienvektoren nach beliebigen Punkten des Raumes, so ist die Lage eines jeden Punktes durch Angabe der Größe und Richtung des Radiusvektors bestimmt. Ist nun der betrachtete Raum das Feld eines physikalischen Vektors, z. B. ein magnetisches Kraftfeld, so ist die Feldstärke offenbar als Funktion des Radiusvektors angebbar.

Ein Hilfsvektor, welcher ebenfalls eine wichtige Rolle spielt, ist der **Flächenvektor**. Diesem wollen wir später eine eingehendere Besprechung widmen.

Die graphische Darstellung eines Vektors.

Den mit einem gewählten Maßstab gemessenen Zahlenwert eines Vektors nennen wir seine Länge unter Anlehnung an die graphische Versinnbildlichung durch einen Pfeil. Die Länge bezeichnen wir durch Einschließung des Vektors in das Zeichen || oder durch den betreffenden lateinischen Buchstaben.

$$\text{Absolutwert von } \mathfrak{A} \equiv |\mathfrak{A}| \equiv A.$$

$$\text{Absolutwert von } \mathfrak{a} \equiv |\mathfrak{a}| \equiv a.$$

Stellt man den Vektor durch einen Pfeil dar, so gibt die Länge des Pfeiles den Absolutwert, seine Richtung die Richtung des Vektors an. Den Punkt, von dem aus der Pfeil gezogen ist, nennt man Anfang, die Spitze des Pfeiles Ende des Vektors.

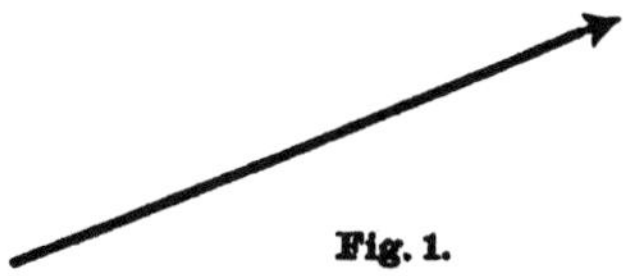

Fig. 1.

Beim Vergleich zweier Vektoren kann man die Richtungen und die Längen vergleichen. Es leuchtet ein, daß die Aussage, ein Vektor sei n-mal so groß wie ein anderer, nur dann zur Kenntnis des Vektors führt, wenn gleichzeitig seine Richtung angegeben ist.

Vektoren, deren Länge gleich der Einheit ist, werden Einheitsvektoren genannt und durch den Index 1 gekennzeichnet. Man erkennt leicht, daß

$$\mathfrak{A} = A\mathfrak{A}_1.$$

Jeder Vektor läßt sich als das Produkt seiner Länge und eines in seine Richtung fallenden Einheitsvektors darstellen.

§ 1.

Addition und Subtraktion.

Die Vorschrift für die Addition von Vektoren knüpft an die Versinnbildlichung durch Pfeile an. Wir setzen fest: Um auf graphischem Wege die Summe von zwei Vektoren zu finden, setzt man die betreffenden Pfeile so aneinander, daß

der Anfang des einen Vektors an das Ende des zweiten kommt,
und verbindet dann den Anfang des ersten mit dem Ende des
zweiten:

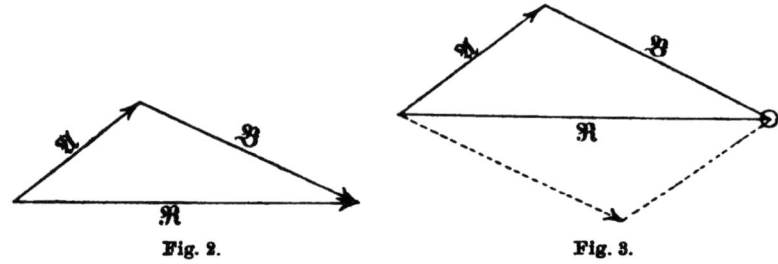

Fig. 2.   Fig. 3.

Die Länge der so erhaltenen Verbindungslinie $\Re$ gibt den
Absolutwert der Summe der beiden Vektoren $\mathfrak{A}$ und $\mathfrak{B}$ an,
während die Richtung dieser Summe $\Re$ dadurch bestimmt ist,
daß der Anfang von $\Re$ mit dem Anfang von $\mathfrak{A}$ und das Ende von
$\Re$ mit dem Ende von $\mathfrak{B}$ zusammenfällt. $\Re$ wird auch die
Resultante, $\mathfrak{A}$ und $\mathfrak{B}$ Komponenten genannt. Die Reihenfolge
der Summierung ist gleichgültig. Denn man erhält offenbar
denselben Vektor $\Re$, wenn nach der gegebenen Vorschrift $\mathfrak{B}$
zu $\mathfrak{A}$ addiert wird.

Die Addition der Vektoren $\mathfrak{A}$ und $\mathfrak{B}$ drückt man durch
die Vektorgleichung aus:

(1) $\mathfrak{A} + \mathfrak{B} = \Re.$

Man kann auch $\Re$ finden, indem man $\mathfrak{A}$ und $\mathfrak{B}$ mit ihren
Anfängen zusammensetzt, dann durch die Enden Parallelen zu
$\mathfrak{A}$ und $\mathfrak{B}$ zieht und die Diagonale des so entstandenen
Parallelogramms zieht. (Fig. 3.) Die erstere Methode ist vor-
zuziehen.

Ist die Summe von mehr als zwei Vektoren zu bilden,
so verfährt man in der Weise, daß man zunächst die Resultante
der beiden ersten Summanden, wie angegeben, konstruiert,
dann zu dieser den dritten Summanden addiert und so fort.
Man erkennt leicht, daß man die einzelnen Summanden nur
so aneinander zu reihen braucht, daß der Anfang des einen
Vektors immer auf das Ende des vorigen Vektors folgt.

Verbindet man dann den Anfang des ersten Summanden mit dem Ende des letzten, so ist diese Verbindungslinie die Resultante. (Siehe Fig. 3a.) Dies gilt für Vektoren, welche in einer Ebene liegen, d. h. für koplanare Vektoren, ebenso wie für nonkoplanare Vektoren.

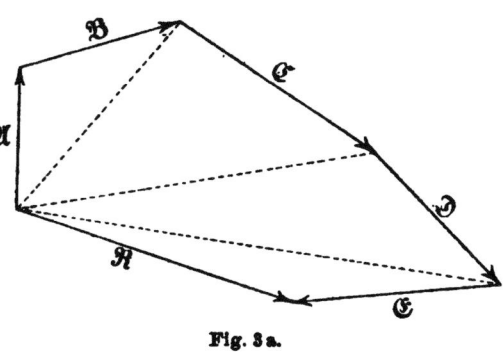

Fig. 3a.

Stoßen Anfang des ersten und Ende des letzten zusammen, so ist die Summe sämtlicher Vektoren null.

Man subtrahiert Vektoren, indem man die zu subtrahierende Größe nach Umkehrung der Richtung addiert.

Anmerkung. Treffen die Enden von zwei oder mehreren Vektoren bei graphischen Darstellungen zusammen, so kann ein kleiner Kreis an die Stelle der Pfeilspitzen treten.

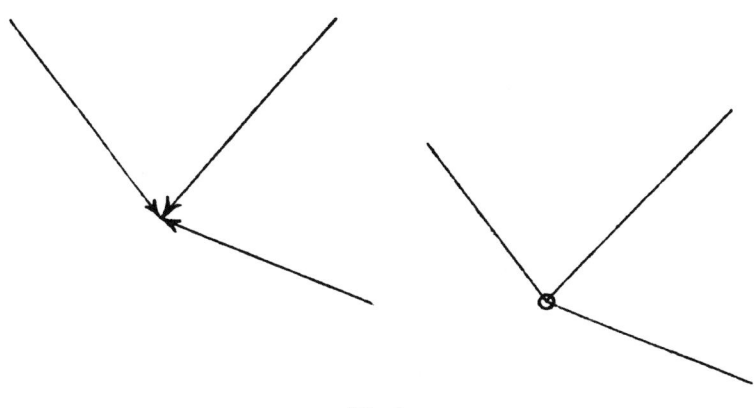

Fig. 4.

Die Anwendung der gegebenen Vorschrift zur Addition von Vektoren auf gerichtete physikalische Größen erhält erst ihre Berechtigung durch die Erfahrung und durch das

Experiment. Um nur ein Beispiel anzuführen wissen wir, daß, wenn zwei Kräfte $\mathfrak{F}'$ und $\mathfrak{F}''$ an einem Punkte eines starren Körpers angreifen, die Wirkung genau dieselbe ist, als ob eine nach der gegebenen Vorschrift gebildete einzelne Kraft $\mathfrak{R}$ an dem gegebenen Punkte angriffe. Die in der Physik vorkommenden Vektoren haben oft eine räumliche Verteilung, wie oben erwähnt wurde. Betrachtet man z. B. den Raum, welcher einen geladenen Körper umgibt, so wird die elektrische Kraft $\mathfrak{E}$ in jedem Punkte eine gewisse Größe und Richtung haben, d. h. bringen wir eine Einheitsladung an verschiedene Punkte dieses Raumes, so wird auf sie je nach der Lage der Punkte eine bestimmte Kraft ausgeübt werden. Nehmen wir der Einfachheit wegen an, die Ladung sei in einem unendlich kleinen Volum konzentriert. Bringt man in den umgebenden Raum eine zweite derartige Ladung und untersucht nun wieder den Raum mit Hilfe einer Einheitsladung, so ist natürlich eine Änderung der Kraft $\mathfrak{E}$ festzustellen. Man findet nun, daß in einem beliebigen Punkte die Kraft $\mathfrak{E}$ so groß ist, als ob jede einzelne Ladung ganz unbehindert durch die andere ihre Wirkung auf die Einheitsladung ausübte. Sind daher in einem beliebigen Punkte die Kräfte, welche jede Ladung an und für sich, d. h. bei Abwesenheit der anderen, ausüben würde, $\mathfrak{E}'$ und $\mathfrak{E}''$, so ist bei Anwesenheit beider die Kraft erfahrungsmäßig:

$$\mathfrak{E} = \mathfrak{E}' + \mathfrak{E}''.$$

In manchen Fällen sind die zu addierenden Vektoren verschiedenen Orten zugeordnet. Man setzt dann bei der Addition voraus, daß sich die verschiedenen Vektoren derartig parallel mit ihrer ursprünglichen Richtung im Raume verschieben lassen, daß sie in einem Punkte zusammentreffen. Die Angriffspunkte von Kräften, welche an verschiedenen Punkten eines starren Körpers angreifen, lassen sich nur in ihrer Angriffslinie beliebig verschieben. Die Gesamtwirkung dieser Kräfte kann daher im allgemeinen nicht durch Addition der einzelnen Kräfte gefunden werden.

§ 2.
Zerlegung von Vektoren.

Ebenso wie man die Summe von zwei oder mehreren Vektoren bildet, kann man auch einen gegebenen Vektor in Summanden zerlegen.

Häufig ist es nützlich, einen Vektor in zwei mit ihm in derselben Ebene liegende, senkrecht zueinander stehende Vektoren zu zerlegen, so daß der eine der beiden Summanden oder Komponenten in eine bestimmte Richtung fällt. In diesem Falle bildet der Vektor die Hypotenuse eines rechtwinkligen Dreiecks, dessen eine Kathete die gewünschte Richtung hat. Unter der Komponente eines Vektors in einer bestimmten Richtung versteht man allgemein die geometrische Projektion des Vektors auf diese Richtung. Die Komponente von $\mathfrak{A}$ in der Richtung $\mathfrak{C}$ wird durch das Symbol $\mathfrak{A}_\mathfrak{C}$ gekennzeichnet.

Man hat

(2) $$\mathfrak{A}_\mathfrak{C} = \mathfrak{C}_1 A \cos(\mathfrak{A}\mathfrak{C}).$$

Daß ein Vektor im allgemeinen nicht durch zwei in beliebige Richtungen fallende Summanden ausdrückbar ist, leuchtet ein; z. B. sind die Komponenten eines auf der xy-Ebene eines Koordinatensystems senkrecht stehenden Vektors null, wenn diese Komponenten selbst in der xy-Ebene liegen sollen.

Richtungen senkrecht zur Richtung eines Vektors nennt man Niveaurichtungen. Aus Gleichung (2) folgt, daß die besondere Komponente von $\mathfrak{A}$, welche null ist, auf $\mathfrak{A}$ senkrecht steht. Diejenige Komponente von $\mathfrak{A}$, welche den größten Wert erreicht, d. h. deren Absolutwert den Wert A erreicht, fällt in die Richtung von $\mathfrak{A}$.

Anmerkung. Dieses als selbstverständlich erscheinende Ergebnis ist wertvoll bei der später zu erörternden Größe des Vektors ∇A.

Der Ort in einem Vektorfelde für alle Richtungen, für welche die Komponenten eines Vektors verschwinden, ist diejenige Fläche, welche der betreffende Vektor senkrecht schneidet.

Über Grundvektoren und Raumsysteme.

Eine sehr wichtige Zerlegung eines Vektors ist diejenige in drei zueinander senkrecht stehende Komponenten. Man wird diese Zerlegung immer vornehmen, wenn eine gerichtete physikalische Größe in gewissen zueinander senkrecht stehenden Richtungen ausgezeichnete Werte annimmt. Stimmen diese Richtungen überein mit den Richtungen der zunehmenden x bzw. y und z eines Koordinatensystems, so besteht die Beziehung:

$$(3) \qquad \mathfrak{A} = \mathfrak{A}_x + \mathfrak{A}_y + \mathfrak{A}_z.$$

Diese Zerlegung kann auch noch anders ausgedrückt werden. Bezeichnet man nämlich die drei Einheitsvektoren, welche den erwähnten Richtungen entsprechen, mit $\mathfrak{i}, \mathfrak{j}, \mathfrak{k}$ und die Längen der Komponenten mit A_1, A_2, A_3, so ist offenbar

$$(3\,\mathrm{a}) \qquad \mathfrak{A} = \mathfrak{i} A_1 + \mathfrak{j} A_2 + \mathfrak{k} A_3.$$

Also:

$$A_1 \equiv |\mathfrak{A}_x|, \qquad A_2 \equiv |\mathfrak{A}_y|, \qquad A_3 \equiv |\mathfrak{A}_z|.$$

$\mathfrak{i}, \mathfrak{j}, \mathfrak{k}$ werden Grundvektoren genannt. Damit die Aufeinanderfolge der Richtungen $\mathfrak{i}, \mathfrak{j}, \mathfrak{k}$ eine eindeutige sei, ist noch festzusetzen, ob diese Aufeinanderfolge einem Rechtssystem oder einem Linkssystem entsprechen soll. Wir wählen ein Rechtssystem. Was hierunter zu verstehen ist, erhellt aus folgender Erörterung.

Die Figur stelle einen Würfel mit der Kantenlänge gleich eins dar. Die Grundvektoren sind durch die Pfeile dargestellt.

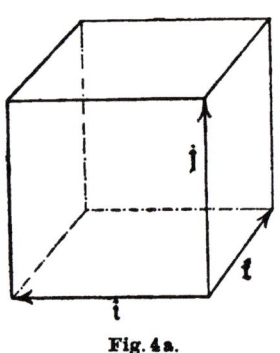

Fig. 4a.

Setzt man eine rechtsgängige Schraube senkrecht auf die $\mathfrak{i}\mathfrak{j}$-Fläche auf und schraubt dieselbe in den Würfel ein, so dreht sich die Schraube in demselben Sinne, in dem sich der Vektor $\mathfrak{i}$ um seinen Anfangspunkt dreht, wenn man ihn durch kürzeste Drehung in die $\mathfrak{j}$-Richtung bringt. Gleichzeitig bewegt sich die Schraube in der $\mathfrak{k}$-Richtung vorwärts. Ist nun die Aufeinanderfolge von $\mathfrak{i}, \mathfrak{j}, \mathfrak{k}$ derart, daß eine rechtsgängige Schraube, indem sie sich von der $\mathfrak{i}$- in die $\mathfrak{j}$-Richtung dreht, in der $\mathfrak{k}$-Richtung vordringt, so entspricht diese Aufeinanderfolge einem Rechtssystem.

Anmerkung. Zuweilen ist es wichtig, zu untersuchen, ob bei Umkehrung der Richtungen von i, j, f die Komponenten der in Frage kommenden Vektoren ihr Vorzeichen wechseln oder nicht. Auf Grund ihres Verhaltens bei der Inversion der Koordinatenrichtungen kann man die Vektoren in polare und axiale einteilen. Als Beispiel von axialen Vektoren werden wir das Vektorprodukt kennen lernen. Die Komponenten dieses Vektors ändern ihr Vorzeichen nicht bei Umkehrung der Koordinatenrichtungen. (Siehe weiter unten.)

§ 3.
Rotationen und zugeordnete Richtungen.

Man kann unter Zugrundelegung eines bestimmten Systems — in unserem Falle eines Rechtssystems — einer Drehung eine Richtung zuordnen. Zunächst setzen wir voraus, daß die Rotation in einer Ebene stattfinde. Findet für den Beobachter die Rotation entgegengesetzt dem Sinne der Bewegung der Zeiger der Uhr statt, so entspricht diese Rotation einer Richtung, welche zur Rotationsebene senkrecht und auf den Beobachter zugewandt ist, d. h. der Richtung, in welcher sich eine rechtsgängige Schraube bei der erwähnten Drehung fortbewegen würde. Diese Drehung wird auch als positive bezeichnet, die entgegengesetzte als negative. Die Bezeichnung positiv und negativ hat natürlich nur relative Bedeutung, indem sie von dem Standpunkt des

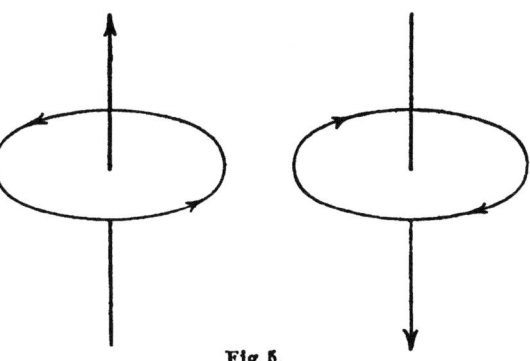

Fig. 5.

Beobachters abhängig ist, während die der Drehung zugeordnete Richtung unabhängig hiervon eindeutig festgelegt ist.

Wenn man einer Rotation eine Richtung zuordnen kann, so ist einleuchtend, daß man eine beliebige geschlossene Kurve, welche in einer Ebene liegt, mit einer Richtung in Beziehung setzen kann, wenn man sich vorstellt, daß die Tracierung der Kurve durch die Bewegung eines Punktes erfolgt sei. Unter Tracierung soll weiterhin nicht sowohl die Begrenzung einer Fläche durch eine Kurve verstanden werden, als der Umlaufssinn des Punktes, dessen Bahn die Kurve darstellt.

Entspricht die Tracierung der Kurve dem Umlaufssinn der Zeiger der Uhr, so ist die zugeordnete Richtung vom Beobachter fortgewandt und senkrecht zur Ebene der Kurve.

Man kann nun noch einen Schritt weiter gehen und der begrenzten Fläche selbst einen Vektor zuordnen. Dies geschah zuerst durch Graßmann. Bei Besprechung des Vektorproduktes im folgenden Paragraphen soll diese Zuordnung erläutert werden.

<h2 style="text-align:center">§ 4.</h2>

Produkte aus zwei Faktoren. Darstellung von Flächen durch Vektoren.

I. Das Vektorprodukt.

a) Das Vektorprodukt als Hilfsvektor.

Das Parallelogramm sei durch die Bewegung eines Punktes entstanden, deren Richtung durch die Pfeile angegeben ist. Der Tracierung entspricht eine Richtung, welche senkrecht zur Fläche des Parallelogramms und nach oben gerichtet ist. — Einen Vektor, welcher diese Richtung hat, und dessen Länge gleich dem Inhalt des Parallelogramms ist, bezeichnen wir als den dem Parallelogramm zugeordneten Vektor.

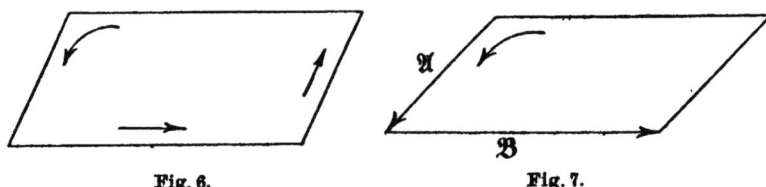

Fig. 6.   Fig. 7.

Offenbar ist die Tracierung der Kurve bestimmt, wenn die Aufeinanderfolge zweier mit der Ebene koplanaren Vektoren angegeben wird; und es liegt nahe, als solche Vektoren zwei bei der Tracierung aufeinander folgende Seiten des Parallelogramms zu wählen, deren Richtung der Tracierung entspricht.

Die Aufeinanderfolge von $\mathfrak{A}$, $\mathfrak{B}$ und dem zugeordneten Vektor $\mathfrak{C}$ muß einem Rechtssystem entsprechen. $\mathfrak{C}$ ist alsdann:

$$(4) \qquad \mathfrak{C} = \mathfrak{C}_1\, A B \sin (\mathfrak{A}\mathfrak{B}).$$

Da nun die rechte Seite dieser Definitionsgleichung durch $\mathfrak{A}$ und $\mathfrak{B}$ eindeutig bestimmt ist, so hat man dafür die abgekürzte Bezeichnungsweise eingeführt:

$$(4\,\mathrm{a}) \qquad \mathfrak{C} = [\mathfrak{A}\mathfrak{B}].$$

Die Reihenfolge von $\mathfrak{A}$ und $\mathfrak{B}$ ist hierbei wichtig, denn wenn $\mathfrak{A}$ auf $\mathfrak{B}$ folgt, so kehrt sich die Richtung von $\mathfrak{C}$ um, d. h.

$$\mathfrak{C} = - [\mathfrak{B}\mathfrak{A}].$$

$\mathfrak{C}$ kann auch direkt als die Fläche des mit einem bestimmten Umlaufssinne versehenen Parallelogramms bezeichnet werden. Jedem Grundvektor läßt sich eine vektorielle Fläche, gebildet aus den beiden anderen Grundvektoren, zuordnen. Denn es ist:

$$(4\,\mathrm{b}) \qquad \begin{cases} \mathfrak{i} = [\mathfrak{j}\,\mathfrak{k}] = - [\mathfrak{k}\,\mathfrak{j}], \\ \mathfrak{j} = [\mathfrak{k}\,\mathfrak{i}] = - [\mathfrak{i}\,\mathfrak{k}], \\ \mathfrak{k} = [\mathfrak{i}\,\mathfrak{j}] = - [\mathfrak{j}\,\mathfrak{i}]. \end{cases}$$

Ferner ist

$$[\mathfrak{i}\,\mathfrak{i}] = [\mathfrak{j}\,\mathfrak{j}] = [\mathfrak{k}\,\mathfrak{k}] = 0$$

und allgemein:

$$(4\,\mathrm{c}) \qquad [\mathfrak{A}\mathfrak{A}] = [\mathfrak{A}(-\mathfrak{A})] = 0.$$

Man bezeichnet den Ausdruck $[\mathfrak{A}\mathfrak{B}]$ als das Vektorprodukt von $\mathfrak{A}$ und $\mathfrak{B}$.

Wie wir weiter sehen werden, tritt das Vektorprodukt nicht nur als Hilfsvektor auf, sondern auch als gerichtete physikalische Größe. Als Hilfsvektor, welcher eine Fläche darstellt, bezieht sich, ohne besondere Vereinbarung, das Vektorprodukt nicht auf einen bestimmten Punkt des Raumes.

Wir wollen nun festsetzen, daß ein Flächenvektor dem Schwerpunkt der betreffenden Fläche zugeordnet sei. Sollen zwei mit Umlaufssinn versehene Parallelogramme addiert werden, so ordnet man die beiden entsprechenden Flächenvektoren dem Schwerpunkt des Flächensystems zu und addiert sie.

Da man eine beliebig begrenzte ebene Fläche in eine sehr große Anzahl von Parallelogrammen einteilen kann, welche sämtlich im selben Sinne traciert sind, so ergibt die Summierung dieser Elementarflächen einen Vektor, welcher die Gesamtfläche repräsentiert. Eine begrenzte ebene Fläche ist daher durch einen Vektor darstellbar, dessen Länge gleich ist dem Inhalt der Fläche, dessen Richtung durch die Tracierung bestimmt ist und dessen Ort der Schwerpunkt der Fläche ist.

Man addiert Flächenteile, auch wenn diese nicht in derselben Ebene liegen, indem man die zugeordneten Vektoren addiert und die Summe auf den gemeinsamen Schwerpunkt bezieht. Da eine beliebig gekrümmte Fläche als aus unendlich vielen ebenen Flächenelementen zusammengesetzt aufgefaßt werden kann, so ist auch eine gekrümmte Fläche durch einen Vektor darstellbar und zwar allgemein durch ein Integral:

$$(4\,\mathrm{d}) \qquad \mathfrak{C} = \int d\mathfrak{g},$$

wo $d\mathfrak{g}$ ein Flächenelement repräsentiert.

Bezüglich der Vektoren, welche den Begrenzungs-flächen eines geschlossenen Raumes zugeordnet sind, besteht die Vereinbarung, daß diese Vektoren immer nach außen weisen.

Man hat sich also dementsprechend die Tracierung der betreffenden Flächen zu denken.

Projiziert man die Vektorflächen eines Polyeders orthogonal auf eine beliebige Ebene, so ist die Summe der Projektionen gleich null.

Der Beweis dieses Satzes stützt sich auf das bekannte Theorem, daß der Inhalt der Projektion einer ebenen Fläche auf eine beliebige Ebene gleich ist der Fläche multipliziert mit dem Kosinus des Winkels, den die Fläche mit der Projektions-ebene bildet. Die Projektion des der Fläche zugeordneten Vektors auf die Normale zur Projektionsebene ist gleich dem zugeordneten Vektor multipliziert mit dem Kosinus, den er mit der Normalen bildet. Folglich ist der projizierte Vektor der projizierten Fläche zugeordnet.

Projiziert man nun die Flächen eines Polyeders auf eine beliebige Ebene, so wird man eine Doppelschicht von Projektionsflächen erhalten, von denen die eine den der Ebene zugewandten Vektoren und die andere den der Ebene abgewandten entspricht. Den ersteren kommt das entgegengesetzte Vorzeichen zu, wie den letzteren. Daher ist die Summe der den Projektionsflächen zugeordneten Vektoren null. Da dieser Schluß für jede Projektionsebene richtig bleibt, so ergibt sich der Satz, daß die Summe der Vektorflächen eines Polyeders gleich null ist.

Es läßt sich auch nachweisen, daß der Satz bezüglich der Summe der Projektionen der Flächen eines Polyeders nicht auf orthogonale Projektionen beschränkt ist.

b) Das Vektorprodukt als „physikalischer" Vektor.

In der theoretischen Physik werden wir mit gerichteten Größen bekannt, welche mit zwei demselben Punkte zugeordneten physikalischen Vektoren so verknüpft sind, daß sie als Vektorprodukte der beiden Vektoren darstellbar sind.

In einem Raume, welcher von elektromagnetischer Strahlung durchsetzt wird, besteht in einem Punkte die elektrische Erregung $\mathfrak{D}$ und die magnetische Kraft $\mathfrak{H}$. Dann ist der in dem Punkte bestehende Energiefluß $\mathfrak{S}$ der Richtung und der Intensität nach bestimmt durch den Vektor:

$$\mathfrak{S} = c\,[\mathfrak{D}\,\mathfrak{H}].$$

$\mathfrak{S}$ wird auch Strahlvektor genannt.

Nach dem vorausgehenden ist der Sinn des Vektorprodukts $\mathfrak{S}$ vollkommen klar. Es gibt aber noch eine zweite Art von Vektorprodukten, welche der Erläuterung bedürfen. Wir wollen z. B. folgenden Fall betrachten. Ein physikalischer Vektor $\mathfrak{A}$ habe in einem der Betrachtung unterzogenen Gebiete eine räumliche Verteilung. Ein zweiter physikalischer Vektor $\mathfrak{N}$ sei der Größe und Richtung nach abhängig von dem ersteren und außerdem von dem Abstand r von einem festliegenden Punkte P. Ist nun die Art der Abhängigkeit derart, daß

$$\mathfrak{N} = [\mathfrak{r}\,\mathfrak{A}],$$

so sagt man, $\mathfrak{N}$ ist das Moment des Vektors $\mathfrak{A}$, bezogen auf den Aufpunkt P. $\mathfrak{N}$ ist demselben Punkt zugeordnet wie $\mathfrak{A}$; wir machen daher die stillschweigende Voraussetzung, daß der Ort des in dem Ausdruck für das Moment eines Vektors vorkommenden Radiusvektors $\mathfrak{r}$ sein Endpunkt sei, so daß sich ebenso wie in dem vorhergehenden Beispiel $\mathfrak{N}$, $\mathfrak{r}$ und $\mathfrak{A}$ auf denselben Punkt des Raumes beziehen. Beiläufig sei erwähnt, daß diese Festsetzung für den Ort von $\mathfrak{r}$ auch gilt, wenn wir die Geschwindigkeit eines beweglichen Punktes angeben wollen. $\frac{d\mathfrak{r}}{dt}$ bezieht sich auf den Endpunkt des Radiusvektors.

c) Die mathematischen Eigenschaften des Vektorprodukts.

Wir stellen uns zunächst die Frage, ob die Vorschrift der Bildung des Vektorprodukts verträglich ist mit der oben erörterten Zerlegbarkeit eines Vektors in zwei Summanden. Ist in dem Ausdruck

$$[\mathfrak{A}\mathfrak{B}]$$

$\mathfrak{A}$ so durch die Summe

$$\mathfrak{C} + \mathfrak{D} = \mathfrak{A}$$

ersetzbar, daß:

$$[\mathfrak{A}\mathfrak{B}] = [\mathfrak{C}\mathfrak{B}] + [\mathfrak{D}\mathfrak{B}]?$$

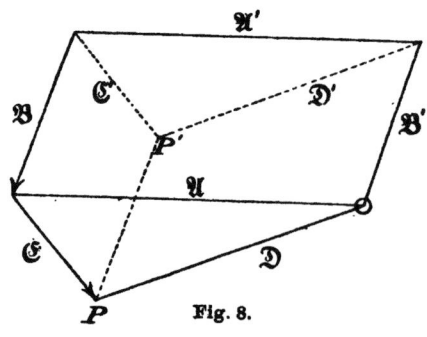

Fig. 8.

Die Vektoren $\mathfrak{A}$, $\mathfrak{B}$, $\mathfrak{C}$, $\mathfrak{D}$ seien in der Figur graphisch dargestellt.

Die Ebene von $\mathfrak{C}$ und $\mathfrak{D}$ falle mit der Papierebene, d. h. mit der Ebene von $\mathfrak{A}$ und $\mathfrak{B}$, nicht zusammen. Man ziehe $\mathfrak{C}'$ parallel $\mathfrak{C}$ und $\mathfrak{D}'$ parallel $\mathfrak{D}$ und verbinde P mit P'. Man erhält so ein Prisma, dessen Vektorflächen zur Summe null ergeben. Von diesen sind die von $\mathfrak{A}'$, $\mathfrak{C}'$, $\mathfrak{D}'$ und von

$\mathfrak{A}$, $\mathfrak{C}$, $\mathfrak{D}$ begrenzten Flächen nach Konstruktion gleich, mit entgegengesetztem Vorzeichen; folglich ist:

$$[\mathfrak{A}\mathfrak{B}] + [\mathfrak{B}\mathfrak{C}] + [\mathfrak{B}\mathfrak{D}] = 0.$$

Bei der Reihenfolge der Faktoren in diesen drei Vektorprodukten wurde darauf geachtet, daß die Vektorflächen nach außen weisen müssen. Die letzte Gleichung läßt sich auch schreiben:

$$[\mathfrak{A}\mathfrak{B}] = [\mathfrak{C}\mathfrak{B}] + [\mathfrak{D}\mathfrak{B}].$$

Für den Fall, daß die Ebene von $\mathfrak{C}$ und $\mathfrak{D}$ in der Ebene von $\mathfrak{A}$ und $\mathfrak{B}$ liegt, ist der Beweis noch einfacher, indem die in Frage kommenden Flächenvektoren sämtlich parallel sind, und man hat daher nur zu zeigen, daß der Absolutwert von $[\mathfrak{A}\mathfrak{B}]$ gleich ist der Summe der Absolutwerte von $[\mathfrak{C}\mathfrak{B}]$ und $[\mathfrak{D}\mathfrak{B}]$. Dies folgt aus der Gleichheit der Dreiecke gebildet aus $\mathfrak{A}'\mathfrak{C}'\mathfrak{D}'$ und aus $\mathfrak{A}\mathfrak{C}\mathfrak{D}$. Denn subtrahiert man von der Fläche des Parallelogramms $\mathfrak{A}\mathfrak{B}'\mathfrak{A}'\mathfrak{B}$ die Fläche $\mathfrak{A}'\mathfrak{C}'\mathfrak{D}'$ und addiert $\mathfrak{A}\mathfrak{C}\mathfrak{D}$, so erhält man den Tensor von $[\mathfrak{C}\mathfrak{B}]$ plus dem Tensor von $[\mathfrak{D}\mathfrak{B}]$, womit obige Gleichung bewiesen ist.

Nachdem gezeigt worden ist, daß der Faktor $\mathfrak{A}$ in zwei Summanden zerlegt werden darf, dürfen wir schließen, daß $\mathfrak{A}$ und daher auch $\mathfrak{B}$ in eine beliebige Anzahl von Komponenten zerlegt werden kann, wodurch das Vektorprodukt dann selbst in eine ebenso große Anzahl Summanden zerfällt. Es ist auf die Reihenfolge der Faktoren in diesen einzelnen Summanden zu achten. Man überzeugt sich leicht durch einen Blick auf die Figur, daß bei einer anderen als der in obiger Gleichung befolgten Aufeinanderfolge die Summe der Vektorflächen nicht null werden kann.

Der soeben bewiesene Satz der Distributivität gestattet es, das Vektorprodukt zweier Vektoren durch ihre Komponenten nach den $\mathfrak{i}$, $\mathfrak{j}$, $\mathfrak{k}$-Richtungen auszudrücken. Man erkennt, daß:

$$[\mathfrak{A}\mathfrak{B}] = [(\mathfrak{i}A_1 + \mathfrak{j}A_2 + \mathfrak{k}A_3)(\mathfrak{i}B_1 + \mathfrak{j}B_2 + \mathfrak{k}B_3)].$$

Man achtet bei Ausführung der Produktenbildung auf die Reihenfolge und erhält:

$$(5) \quad \begin{cases} [\mathfrak{A}\mathfrak{B}] = [i\,A_1\,i\,B_1] + [i\,A_1\,j\,B_2] + [i\,A_1\,\mathfrak{k}\,B_3], \\ \quad + [j\,A_2\,i\,B_1] + [j\,A_2\,j\,B_2] + [j\,A_2\,\mathfrak{k}\,B_3], \\ \quad + [\mathfrak{k}\,A_3\,i\,B_1] + [\mathfrak{k}\,A_3\,j\,B_2] + [\mathfrak{k}\,A_3\,\mathfrak{k}\,B_3]. \end{cases}$$

Diejenigen Glieder, welche die Faktoren $[ii]$, $[jj]$ oder $[\mathfrak{k}\mathfrak{k}]$ enthalten, sind null. Ordnet man nach den Faktoren $[j\mathfrak{k}]$, $[\mathfrak{k}i]$, $[ij]$, d. h. nach i, j, $\mathfrak{k}$, so folgt

$$(5\,\mathrm{a}) \quad \begin{cases} [\mathfrak{A}\mathfrak{B}] = i(A_2 B_3 - A_3 B_2) + j(A_3 B_1 - A_1 B_3) \\ \quad + \mathfrak{k}(A_1 B_2 - A_2 B_1). \end{cases}$$

Dieser Ausdruck legt es nahe, das Vektorprodukt als Determinante auszudrücken. Denn es ist:

$$(5\,\mathrm{b}) \quad [\mathfrak{A}\mathfrak{B}] = \begin{vmatrix} i & j & \mathfrak{k} \\ A_1 & A_2 & A_3 \\ B_1 & B_2 & B_3 \end{vmatrix}.$$

Eine besondere Eigenschaft des Vektorprodukts ist bemerkenswert. Kehrt man nämlich die Richtungen der Grundvektoren um, so bleiben, wie man leicht aus Gleichung (5) erkennt, die Vorzeichen der Komponenten von $[\mathfrak{A}\mathfrak{B}]$ unverändert. Es ist nämlich $[(-i)(-j)] = [ij] = \mathfrak{k}$ usw. unter Beibehaltung eines Rechtssystems. Man nennt einen solchen Vektor einen axialen Vektor.

Entspricht die Aufeinanderfolge von i, j, $\mathfrak{k}$ einem Rechtssystem, so entspricht die Aufeinanderfolge von $-i$, $-j$, $-\mathfrak{k}$ einem Linkssystem. Geht man zu einem Linkssystem über und soll dabei die Richtung von $[\mathfrak{A}\mathfrak{B}]$ unverändert bleiben, so ist das Vorzeichen zu ändern, d. h. der im Rechtssystem als $[\mathfrak{A}\mathfrak{B}]$ bezeichnete Vektor ist im Linkssystem $[\mathfrak{B}\mathfrak{A}]$.

Im Gegensatz zu den axialen Vektoren stehen die polaren. Die Komponenten eines solchen wechseln ihr Vorzeichen bei Umkehrung der Richtungen der Grundvektoren.

II. Das skalare Produkt.

Außer dem Vektorprodukt gibt es ein Produkt von zwei Vektoren, welches skalaren Charakter hat. Dieses wird durch Einschließung in runde Klammern gekennzeichnet. Es ist

$$(6) \quad (\mathfrak{A}\mathfrak{B}) = A B \cos(\mathfrak{A},\mathfrak{B}).$$

Bilden also $\mathfrak{A}$ und $\mathfrak{B}$ einen rechten Winkel miteinander, so wird das skalare Produkt null. Die Bedingung dafür, daß $\mathfrak{A}$ auf $\mathfrak{B}$ senkrecht steht, ist daher:

$$(\mathfrak{A}\mathfrak{B}) = 0.$$

Fallen $\mathfrak{A}$ und $\mathfrak{B}$ in dieselbe Richtung, so ist:

$$(\mathfrak{A}\mathfrak{B}) = AB.$$

Daher auch:

$$(\mathfrak{A}\mathfrak{A}) = \mathfrak{A}^2 = A^2$$

und:

$$(\mathfrak{i}\mathfrak{i}) = (\mathfrak{j}\mathfrak{j}) = (\mathfrak{k}\mathfrak{k}) = 1$$

$$(\mathfrak{i}\mathfrak{j}) = (\mathfrak{i}\mathfrak{k}) = (\mathfrak{j}\mathfrak{k}) = 0.$$

Die skalaren Produkte von Vektoren spielen in der Physik eine wichtige Rolle. Die mechanische Arbeit wird z. B. durch das skalare Produkt aus Kraft und Weg ausgedrückt. Bezeichnen wir die Arbeit mit A, die Kraft mit $\mathfrak{F}$, so ist:

$$A = \int_{\mathfrak{r}'}^{\mathfrak{r}''} (\mathfrak{F}\,d\mathfrak{r}).$$

Ein anderes skalares Produkt, welches ebenfalls häufig auftritt, ist der Vektorfluß durch eine Fläche. Man versteht hierunter den Ausdruck:

$$\int (\mathfrak{A}\,d\mathfrak{g}),$$

wenn $\mathfrak{A}$ einen Vektor bedeutet in einem Raume, in welchem die Fläche $\mathfrak{g}$ konstruiert ist. Ist $\mathfrak{A}$ in dem betreffenden Raume konstant und $\mathfrak{g}$ eine ebene begrenzte Fläche, so ist der Vektorfluß:

$$(\mathfrak{A}\mathfrak{g}).$$

Der Vektorfluß läßt sich mit dem Begriff der Kraftlinien in Beziehung setzen. Man kann nämlich den Zahlenwert A einer Kraft für einen bestimmten Punkt dadurch angeben, daß man sagt, die Kraft sende durch die senkrecht zu ihrer Richtung in dem Punkte konstruierte Einheitsfläche A Kraftlinien. Offenbar ist dann die Anzahl der Kraftlinien, welche die Fläche $\mathfrak{g}$ durchsetzen:

$$(\mathfrak{A}\mathfrak{g})$$

bzw.:

$$\int (\mathfrak{A}\,d\mathfrak{g}).$$

Zu jedem $d\mathfrak{g}$ gehört derjenige Wert von $\mathfrak{A}$, welcher im Schwerpunkte des Flächenelementes besteht. Man bezeichnet dieses Integral auch als Oberflächenintegral des Vektors $\mathfrak{A}$, wenn die Fläche geschlossen ist. — Das Gesetz der Distributivität gilt auch für das skalare Produkt. Das heißt, zerlegt man den Faktor $\mathfrak{A}$ des Produkts

$$(\mathfrak{A}\mathfrak{B}) = AB \cos (\mathfrak{A},\mathfrak{B})$$

in zwei beliebige Summanden $\mathfrak{C}$ und $\mathfrak{D}$, so ist zu beweisen, daß $(\mathfrak{A}\mathfrak{B}) = (\mathfrak{C}\mathfrak{B}) + (\mathfrak{D}\mathfrak{B})$ oder:

$$AB \cos (\mathfrak{A},\mathfrak{B}) = CB \cos (\mathfrak{C},\mathfrak{B}) + DB \cos (\mathfrak{D},\mathfrak{B})$$

oder, wenn wir durch B dividieren, daß:

$$A \cos (\mathfrak{A},\mathfrak{B}) = C \cos (\mathfrak{C},\mathfrak{B}) + D \cos (\mathfrak{D},\mathfrak{B}).$$

Man erkennt nun leicht aus der Figur, daß $A \cos (\mathfrak{A},\mathfrak{B})$ die Länge der Projektion von $\mathfrak{A}$ auf $\mathfrak{B}$ ist. Ebenso sind $C \cos (\mathfrak{C},\mathfrak{B})$ und $D \cos (\mathfrak{D},\mathfrak{B})$ die Längen der Projektionen von $\mathfrak{C}$, bzw. von $\mathfrak{D}$ auf $\mathfrak{B}$.

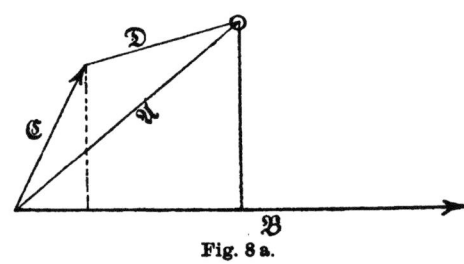

Fig. 8 a.

Die Summe der letzteren Projektionen ist aber nach der Figur gleich der Länge der Projektion von $\mathfrak{A}$ auf $\mathfrak{B}$, womit die Behauptung bewiesen ist.

Gestützt auf diesen Beweis können wir nunmehr $(\mathfrak{A}\mathfrak{B})$ als Funktion der Komponenten von $\mathfrak{A}$ und $\mathfrak{B}$ nach den Richtungen $\mathfrak{i}$, $\mathfrak{j}$, $\mathfrak{k}$ angeben.

Man erhält dann:

$$(\mathfrak{A}\mathfrak{B}) = (\mathfrak{i}A_1 + \mathfrak{j}A_2 + \mathfrak{k}A_3)\,(\mathfrak{i}B_1 + \mathfrak{j}B_2 + \mathfrak{k}B_3).$$

Führt man die Produktbildung aus und berücksichtigt dann, daß die Glieder mit den Faktoren $\mathfrak{i}\mathfrak{j}$, $\mathfrak{i}\mathfrak{k}$, $\mathfrak{j}\mathfrak{k}$ verschwinden, so erhält man:

(7) $\qquad (\mathfrak{A}\mathfrak{B}) = A_1 B_1 + A_2 B_2 + A_3 B_3.$

(7a) $\qquad (\mathfrak{A}, \mathfrak{A}) \equiv \mathfrak{A}^2 = A_1{}^2 + A_2{}^2 + A_3{}^2.$

Also ist der Absolutwert eines beliebigen Vektors $\mathfrak{A}$:

$$|\mathfrak{A}| \equiv A = \sqrt{A_1{}^2 + A_2{}^2 + A_3{}^2}.$$

Das oben erwähnte skalare Produkt von der Form: $B \cos(\mathfrak{A}, \mathfrak{B}) = (\mathfrak{A}_1, \mathfrak{B})$ bezeichnet man auch als den Absolutwert der Komponente von $\mathfrak{B}$ in der $\mathfrak{A}$-Richtung.

§ 4a.
Anmerkung über Division.

Nachdem wir die beiden Arten der Multiplikation von Vektoren kennen gelernt haben, drängt sich naturgemäß die Frage auf, ob es eine Division von Vektoren gibt, und wenn dies der Fall, ob einer Division von Vektoren ein physikalischer Sinn beigelegt werden kann.

Zunächst scheint es als eine logische Folgerung, daß, wenn man durch die Multiplikation zweier Faktoren zu einem Produkt gelangt, dann eine solche Operation auch durch eine entsprechende Division rückgängig gemacht werden könne. Wir werden aber bald erkennen, daß eine Division von Vektoren im Gegensatz zur algebraischen Division unbestimmten Charakter hat. Wir wollen dies näher erläutern. Sind zwei Vektoren $\mathfrak{A}$ und $\mathfrak{B}$ der Richtung und Größe nach bekannt, so ist auch ihr Vektorprodukt $\mathfrak{C}$ bekannt. Ist aber $\mathfrak{A}$ und außerdem nur das Vektorprodukt von $\mathfrak{A}$ und einem zweiten Faktor $\mathfrak{B}$, nicht aber $\mathfrak{B}$ selbst bekannt, so kann man $\mathfrak{B}$ nicht bestimmen. Denn es gibt eine unendlich große Anzahl von Faktoren, welche mit dem gegebenen Vektor $\mathfrak{A}$ multipliziert das Vektorprodukt $\mathfrak{C}$ liefern, wie ohne weiteres aus der Definition des Vektorprodukts folgt.

Als Symbol für einen unbestimmten Vektor $\mathfrak{B}$, welcher durch vektorielle Multiplikation mit einem gegebenen Vektor $\mathfrak{A}$ das Vektorprodukt $\mathfrak{C}$ liefert, so daß die Aufeinanderfolge $\mathfrak{A}$, $\mathfrak{B}$, $\mathfrak{C}$ einem Rechtssystem entspricht, schreiben wir:

$$\mathfrak{B} = \left[\frac{\mathfrak{C}}{\mathfrak{A}}\right].$$

Sucht man dagegen einen Faktor $\mathfrak{B}$, welcher durch skalare Multiplikation mit $\mathfrak{A}$ das Produkt C liefern soll, so schreibt man:

$$\mathfrak{B} = \left(\frac{C}{\mathfrak{A}}\right).$$

Auch dieser Quotient ist unbestimmt aus analogen Gründen wie der obige. C enthält nämlich als Faktoren A und B cos $(\mathfrak{A}, \mathfrak{B})$. Die Faktoren dieses letzteren Produkts sind aber einzeln nicht bekannt und daher auch nicht $\mathfrak{B}$.

Wir wollen noch eine dritte Art von Quotienten definieren und dadurch kennzeichnen, daß sie nicht in Klammer eingeschlossen wird:

$$\frac{\mathfrak{A}}{\mathfrak{B}} = \frac{\mathfrak{A} \cdot \mathfrak{B}_1}{B} = \frac{A}{B} \cos (\mathfrak{A}, \mathfrak{B}).$$

Bei diesem Quotienten allein ist es gestattet, Zähler und Nenner mit demselben Vektor zu multiplizieren.

Als Zähler kann auch ein Skalar stehen:

$$\frac{A}{\mathfrak{B}} = \frac{A\mathfrak{B}_1}{B}.$$

Mit dem Quotienten zweier Vektoren ist im allgemeinen kein bestimmter physikalischer Begriff verknüpft. Physikalische Bedeutung gewinnt aber der Differentialquotient zweier Vektoren durch besondere Vereinbarung.

Eine wichtige Frage ist diese: Darf man beide Seiten einer Gleichung, welche denselben Vektor als Faktor explizite enthalten, durch diesen Faktor dividieren.

Es sei:

$$(\mathfrak{D}\mathfrak{A}) = (\mathfrak{D}\mathfrak{B}).$$

Wir dividieren durch $\mathfrak{D}$ und erhalten:

$$\mathfrak{A} = \mathfrak{B}.$$

Jetzt zerlegen wir $\mathfrak{A}$ in zwei Summanden $\mathfrak{M}$ und $\mathfrak{N}$, von welchen der eine $\mathfrak{M}$ senkrecht zu $\mathfrak{D}$ stehe. Dann ist

$$\big(\mathfrak{D}\,(\mathfrak{M} + \mathfrak{N})\big) = (\mathfrak{D}\mathfrak{B}).$$

Aber:

$$(\mathfrak{D}\mathfrak{M}) = 0.$$

Also:

$$(\mathfrak{D}\,\mathfrak{N}) = (\mathfrak{D}\mathfrak{B}).$$

Und es wäre:

$$\mathfrak{N} = \mathfrak{B},$$

was im allgemeinen unmöglich ist.

Man erkennt, daß eine Division aller Glieder einer skalaren Gleichung durch denselben Vektor nicht statthaft ist. Man kann diesen Nachweis auch leicht für den Fall führen, daß der gemeinsame Faktor Vektorprodukten angehört.

§ 5.
Produkte aus drei und vier Faktoren.

Da man verschiedenartige Produkte aus drei Faktoren bilden kann, so ist es erforderlich, die Bezeichnungsweise so zu wählen, daß ein Zweifel über die auszuführenden Operationen ausgeschlossen ist. — Soll zunächst das skalare Produkt von zwei Vektoren $\mathfrak{A}$ und $\mathfrak{B}$ mit einem dritten Vektor $\mathfrak{C}$ multipliziert werden, so wird dieses dreifache Produkt gekennzeichnet durch

(8) $$(\mathfrak{A}\mathfrak{B})\mathfrak{C}.$$

Dieser Ausdruck ist ein Vektor in der Richtung von $\mathfrak{C}$, dessen Absolutwert gleich ist $ABC \cos(\mathfrak{A}\mathfrak{B})$. Daher kann gesetzt werden:

(9) $$(\mathfrak{A}\mathfrak{B})\mathfrak{C} = \mathfrak{C}_1 ABC \cos(\mathfrak{A}\mathfrak{B}).$$

Soll ferner das Vektorprodukt aus $\mathfrak{A}$ und $\mathfrak{B}$ skalar mit dem Vektor $\mathfrak{C}$ multipliziert werden, so wird das Resultat ausgedrückt durch:

$$\mathfrak{C}[\mathfrak{A}\mathfrak{B}].$$

Dieser skalare Ausdruck gibt das Volumen eines Parallelepipeds an, welches $\mathfrak{A}$, $\mathfrak{B}$ und $\mathfrak{C}$ zu Seiten hat. Denn bildet man graphisch $\mathfrak{A}$, $\mathfrak{B}$ und $\mathfrak{C}$ durch Pfeile ab und vervollständigt $\mathfrak{A}$, $\mathfrak{B}$ zum Parallelogramm, so ist $[\mathfrak{A}\mathfrak{B}] = \mathfrak{g}$ die Grundfläche. Die Höhe des Körpers ist gleich C multipliziert mit dem Kosinus des Winkels, den $\mathfrak{C}$ mit $\mathfrak{g}$ bildet.

Man erkennt, daß der Ausdruck negativ oder positiv werden kann, je nach dem Winkel, den $\mathfrak{C}$ mit $\mathfrak{g}$, bzw. $\mathfrak{A}$ mit $\mathfrak{B}$ bildet.

Von besonderer Wichtigkeit ist der Ausdruck $\mathfrak{C}[\mathfrak{A}\mathfrak{B}]$, wenn er als der Vektorfluß von $\mathfrak{C}$ durch die Fläche $[\mathfrak{A}\mathfrak{B}]$ aufgefaßt wird.

Denkt man sich einen geschlossenen Raum, in welchem ein Vektor $\mathfrak{A}$ kontinuierlich verteilt ist, durch drei Scharen von senkrecht zueinander stehenden Ebenen in unendlich viele Raumelemente zerlegt, so ist der Vektorfluß durch die Oberfläche des begrenzten Raumes gleich der Summe der Vektorflüsse durch die Oberflächen der Raumelemente. Da nämlich jede Vektorfläche eines im Innern befindlichen Raumelementes das entgegengesetzte Vorzeichen hat wie die anstoßende Fläche des benachbarten Raumelementes, und bei der Bildung des Vektorflusses dieser beiden Flächen jede derselben mit demselben Vektor multipliziert wird, so ist die Summe der Vektorflüsse sämtlicher Doppelflächen null, und es bleiben daher nur die Vektorflüsse durch die äußeren Begrenzungsflächen des geschlossenen Raumes zu addieren.

Bezeichnet man ein Oberflächenelement mit $d\mathfrak{g}$, so ist der gesamte Vektorfluß Q:

$$(10) \qquad Q = \int \mathfrak{C}\, d\mathfrak{g}.$$

Der Ausdruck $\mathfrak{C}[\mathfrak{A}\mathfrak{B}]$ kann auch durch die Absolutwerte der Komponenten von $\mathfrak{A}$, $\mathfrak{B}$ und $\mathfrak{C}$ in den Richtungen von $\mathfrak{i}$, $\mathfrak{j}$ und $\mathfrak{k}$ dargestellt werden.

Zerlegt man $\mathfrak{A}$, $\mathfrak{B}$ und $\mathfrak{C}$ in ihre Komponenten und führt dann die Multiplikation aus, so findet man:

$$\begin{aligned}
\mathfrak{C}[\mathfrak{A}\mathfrak{B}] &= (\mathfrak{i} C_1 + \mathfrak{j} C_2 + \mathfrak{k} C_3)\big(\mathfrak{i}(A_2 B_3 - A_3 B_2) \\
&\quad + \mathfrak{j}(A_3 B_1 - A_1 B_3) + \mathfrak{k}(A_1 B_2 - A_2 B_1)\big) \\
&= C_1(A_2 B_3 - A_3 B_2) + C_2(A_3 B_1 - A_1 B_3) \\
&\quad + C_3(A_1 B_2 - A_2 B_1).
\end{aligned}$$

Hierfür läßt sich auch schreiben:

$$(11) \qquad \mathfrak{C}[\mathfrak{A}\mathfrak{B}] = \begin{vmatrix} C_1, & C_2, & C_3 \\ A_1, & A_2, & A_3 \\ B_1, & B_2, & B_3 \end{vmatrix}$$

Diese Determinante läßt sich aber ferner schreiben:

$$\mathfrak{C}[\mathfrak{A}\mathfrak{B}] = \begin{vmatrix} A_1, & A_2, & A_3 \\ B_1, & B_2, & B_3 \\ C_1, & C_2, & C_3 \end{vmatrix} = \begin{vmatrix} B_1, & B_2, & B_3 \\ C_1, & C_2, & C_3 \\ A_1, & A_2, & A_3 \end{vmatrix}.$$

Hieraus folgt, daß:

$$(12) \qquad \mathfrak{C}[\mathfrak{A}\mathfrak{B}] = \mathfrak{A}[\mathfrak{B}\mathfrak{C}] = \mathfrak{B}[\mathfrak{C}\mathfrak{A}],$$

d. h., man kann $\mathfrak{C}$, $\mathfrak{A}$, $\mathfrak{B}$ zyklisch vertauschen. Man erkennt ebenfalls, daß diese Produkte positiv sind, wenn die Vektoren $\mathfrak{C}$, $\mathfrak{A}$, $\mathfrak{B}$ in ihrer Aufeinanderfolge einem Rechtssystem entsprechen.

Die zyklische Vertauschbarkeit der Faktoren $\mathfrak{A}$, $\mathfrak{B}$ und $\mathfrak{C}$ ergibt sich übrigens auf noch einfachere Weise aus der erwähnten Darstellung durch das Parallelepiped. Man erhält nämlich denselben Wert für den Inhalt des Körpers unabhängig von der Wahl der Basis.

Wir betrachten nunmehr den Ausdruck:

$$(13) \qquad \big([\mathfrak{A}\mathfrak{B}][\mathfrak{C}\mathfrak{D}]\big).$$

Der Ausdruck besagt, daß die Vektorprodukte $[\mathfrak{A}\mathfrak{B}]$ und $[\mathfrak{C}\mathfrak{D}]$ skalar miteinander multipliziert werden sollen. Bezeichnen wir den Winkel, welchen die beiden Vektorprodukte miteinander machen, mit γ, so ist

$$(14) \quad \big([\mathfrak{A}\mathfrak{B}][\mathfrak{C}\mathfrak{D}]\big) = AB \sin(\mathfrak{A}, \mathfrak{B}) \cdot CD \sin(\mathfrak{C}, \mathfrak{D}) \cos \gamma.$$

Des weiteren benutzen wir einen von Gauß zuerst abgeleiteten Satz vom sphärischen Viereck. Stellen wir nämlich die Vektoren $\mathfrak{A}$, $\mathfrak{B}$, $\mathfrak{C}$ und $\mathfrak{D}$ durch Pfeile dar, welche wir mit ihren vier Anfängen zusammensetzen, und beschreiben wir um ihren nunmehr gemeinschaftlichen Ursprung 0 eine Kugelfläche, so wird durch die vier Punkte $P_{\mathfrak{A}}$, $P_{\mathfrak{B}}$, $P_{\mathfrak{C}}$, $P_{\mathfrak{D}}$, wo die Pfeile oder ihre Verlängerungen die Oberfläche der Kugel durchsetzen, ein sphärisches Viereck festgelegt. Wir ziehen die Diagonalen. Diese bilden miteinander den Winkel γ bzw. $2R - \gamma$.

γ ist der Winkel, welchen die Vektorflächen $[\mathfrak{A}\mathfrak{B}]$ und $[\mathfrak{C}\mathfrak{D}]$ miteinander bilden. Dann besteht nach dem erwähnten Gaußschen Satze die Bezeichnung:

$$\sin(\mathfrak{A},\mathfrak{B})\sin(\mathfrak{C}\mathfrak{D})\cos\gamma$$
$$= \cos(\mathfrak{A},\mathfrak{C})\cos(\mathfrak{B}\mathfrak{D}) - \cos(\mathfrak{A},\mathfrak{D})\cos(\mathfrak{B}\mathfrak{C}).$$

Multipliziert man beide Seiten der Gleichung mit $ABCD$, so ergibt sich:

$$AB\sin(\mathfrak{A},\mathfrak{B})CD\sin(\mathfrak{C},\mathfrak{D})\cos\gamma = (\mathfrak{A}\mathfrak{C})(\mathfrak{B}\mathfrak{D}) - (\mathfrak{A}\mathfrak{D})(\mathfrak{B}\mathfrak{C})$$

oder

$$(15)\qquad [\mathfrak{A}\mathfrak{B}][\mathfrak{C}\mathfrak{D}] = (\mathfrak{A}\mathfrak{C})(\mathfrak{B}\mathfrak{D}) - (\mathfrak{A}\mathfrak{D})(\mathfrak{B}\mathfrak{C}).$$

Der abgeleitete Ausdruck hat skalaren Charakter. Er läßt sich auf andere Form bringen. Setzen wir

$$[\mathfrak{A}\mathfrak{B}] = \mathfrak{K},$$

so wird:

$$\big([\mathfrak{A}\mathfrak{B}][\mathfrak{C}\mathfrak{D}]\big) = \mathfrak{K}[\mathfrak{C}\mathfrak{D}]$$

und durch zyklische Vertauschung:

$$[\mathfrak{A}\mathfrak{B}][\mathfrak{C}\mathfrak{D}] = \mathfrak{D}[\mathfrak{K}\mathfrak{C}].$$

Also:

$$(16)\qquad \big(\mathfrak{D}[[\mathfrak{A}\mathfrak{B}]\mathfrak{C}]\big) = \big(\mathfrak{D}\big(\mathfrak{B}(\mathfrak{A}\mathfrak{C}) - \mathfrak{A}(\mathfrak{B}\mathfrak{C})\big)\big).$$

Es läge nun nahe, durch einfache Division durch $\mathfrak{D}$ einen Ausdruck für das dreifache Vektorprodukt

$$(17)\qquad [[\mathfrak{A}\mathfrak{B}]\mathfrak{C}]$$

abzuleiten. Aber wie wir gesehen haben, ist im allgemeinen eine derartige Division nicht gestattet, und wenn wir auch hier zu einem richtigen Resultat gelangen, so wollen wir doch einen sicheren Weg einschlagen.

Da der Vektor, welcher das dreifache Vektorprodukt von $\mathfrak{A}$, $\mathfrak{B}$ und $\mathfrak{C}$ darstellt, auf der Normalen der von $\mathfrak{A}$ und $\mathfrak{B}$ gebildeten Ebene senkrecht steht, so muß er in dieser Ebene liegen.

Ein Vektor, welcher in der Ebene von $\mathfrak{A}$ und $\mathfrak{B}$ liegt, ist aber darstellbar durch:

$$m\mathfrak{A} + n\mathfrak{B}.$$

Da er auch senkrecht zu $\mathfrak{C}$ steht, so muß seine Multiplikation mit $\mathfrak{C}$ null geben.

D. h.

$$m\,\mathfrak{A}\mathfrak{C} + n\,\mathfrak{B}\mathfrak{C} = 0,$$

$$\frac{m}{n} = \frac{-(\mathfrak{B}\mathfrak{C})}{(\mathfrak{A}\mathfrak{C})}.$$

Dadurch wird:

$$[[\mathfrak{A}\mathfrak{B}]\,\mathfrak{C}] = K\left(\mathfrak{B}(\mathfrak{A}\mathfrak{C}) - \mathfrak{A}(\mathfrak{B}\mathfrak{C})\right),$$

wenn wir mit K einen noch unbekannten konstanten Faktor bezeichnen.

Angesichts der oben abgeleiteten Beziehung für

$$\mathfrak{D}\,[[\mathfrak{A}\mathfrak{B}]\,\mathfrak{C}]$$

kann aber K nur den Wert 1 haben. D. h.

(18) $$[[\mathfrak{A}\mathfrak{B}]\,\mathfrak{C}] = \mathfrak{B}(\mathfrak{A}\mathfrak{C}) - \mathfrak{A}(\mathfrak{B}\mathfrak{C}).$$

Stößt man bei Ableitung eines Ausdruckes auf rein vektoranalytischem Wege auf Schwierigkeiten, so steht immer die semikartesische Methode zur Verfügung. Doch muß dieses Hilfsmittel als ein Notbehelf betrachtet werden. Die semikartesische Methode ist meist weitläufig. Um zu zeigen, wie man diese hier anwendet, sei im folgenden der Ausdruck:

$$[[\mathfrak{A}\mathfrak{B}]\,\mathfrak{C}]$$

entwickelt.

Wir drücken zunächst die Vektoren $\mathfrak{A}$, $\mathfrak{B}$ und $\mathfrak{C}$ durch ihre Komponenten in der i-, j-, f-Richtung aus und erhalten den bereits abgeleiteten Wert von $[\mathfrak{A}\mathfrak{B}]$, nämlich:

$$[\mathfrak{A}\mathfrak{B}] = i(A_2 B_3 - A_3 B_2) + j(A_3 B_1 - A_1 B_3) + f(A_1 B_2 - A_2 B_3).$$

Wir setzen zur Vereinfachung:

$$E_1 = A_2 B_3 - A_3 B_2$$

$$E_2 = A_3 B_1 - A_1 B_3$$

$$E_3 = A_1 B_2 - A_2 B_1.$$

Dann ist:

$$[[\mathfrak{A}\mathfrak{B}]\,\mathfrak{C}] = [\mathfrak{E}\,\mathfrak{C}].$$

Aber:

$$[\mathfrak{E}\mathfrak{C}] = \mathfrak{i}\,(E_2 C_3 - C_2 E_3) + \mathfrak{j}\,(C_1 E_3 - E_1 C_3) + \mathfrak{k}\,(C_2 E_1 - C_1 E_2).$$

Man setzt die angegebenen Werte von E_1, E_2, E_3 ein und ordnet in folgender Weise:

$$\begin{aligned}
[\mathfrak{E}\mathfrak{C}] = {}& \mathfrak{i}\,B_1\,(A_1 C_1 + A_2 C_2 + A_3 C_3)\\
& + \mathfrak{j}\,B_2\,(A_1 C_1 + A_2 C_2 + A_3 C_3)\\
& + \mathfrak{k}\,B_3\,(A_1 C_1 + A_2 C_2 + A_3 C_3)\\
& - \mathfrak{i}\,A_1\,(B_1 C_1 + B_2 C_2 + B_3 C_3)\\
& - \mathfrak{j}\,A_2\,(B_1 C_1 + B_2 C_2 + B_3 C_3)\\
& - \mathfrak{k}\,A_3\,(B_1 C_1 + B_2 C_2 + B_3 C_3).
\end{aligned}$$

Die Klammerausdrücke haben aber den Wert $\mathfrak{A}\mathfrak{C}$ bzw. $\mathfrak{B}\mathfrak{C}$. Daher erhält man schließlich:

$$[[\mathfrak{A}\mathfrak{B}]\,\mathfrak{C}] = \mathfrak{B}\,(\mathfrak{A}\mathfrak{C}) - \mathfrak{A}\,(\mathfrak{B}\mathfrak{C}).$$

Kompliziertere Produktbildungen als die erörterten kommen in der theoretischen Physik seltener vor und können immer leicht auf die abgeleiteten Doppelprodukte und dreifachen Produkte zurückgeführt werden.

Von Wichtigkeit ist der Umstand, daß man bei vektoriellen und auch bei skalaren Produkten die Absolutwerte, d. h. die Längen der Vektoren als Faktoren herausschreiben kann, indem man an Stelle der Vektoren die Einheitsvektoren setzt. Z. B.

$$\mathfrak{A}\mathfrak{B} = A B\,(\mathfrak{A}_1 \mathfrak{B}_1),$$

$$[\mathfrak{A}\mathfrak{B}] = A B\,[\mathfrak{A}_1 \mathfrak{B}_1].$$

Hieraus kann man den weiteren Schluß ziehen, daß man die einzelnen skalaren Faktoren zu beliebigen Einheitsvektoren, welche in dem Produkt vorkommen, setzen kann, z. B.

$$[\mathfrak{A}\mathfrak{B}] = A\,\big[(\mathfrak{A}_1 B)\,\mathfrak{B}_1\big].$$

§ 6.

Allgemeines über Differentiale und Differential-koeffizienten.

Die unendlich kleine Änderung eines Vektors $\mathfrak{A}$ wird durch $d\mathfrak{A}$ bezeichnet. Es ist:

$$d\mathfrak{A} = \mathfrak{A}_1 dA + A d\mathfrak{A}_1$$

oder:

$$d\mathfrak{A} = i\,dA_1 + j\,dA_2 + \mathfrak{k}\,dA_3,$$

$$\mathfrak{A}\,d\mathfrak{A} = (iA_1 + jA_2 + \mathfrak{k}A_3)(i\,dA_1 + j\,dA_2 + \mathfrak{k}\,dA_3)$$
$$= A_1\,dA_1 + A_2\,dA_2 + A_3\,dA_3.$$

Da nun: $\mathfrak{A}^2 = A^2 = A_1{}^2 + A_2{}^2 + A_3{}^2$, so folgt:

$$\mathfrak{A}\,d\mathfrak{A} = A\,dA$$

und daher auch:

(19)
$$\mathfrak{A}_1\,d\mathfrak{A} = dA.$$

Setzt man in diese Gleichung den obigen Wert von $d\mathfrak{A}$ ein, so folgt:

(20)
$$\begin{cases} dA + \mathfrak{A}\,d\mathfrak{A}_1 = dA \\ \mathfrak{A}\,d\mathfrak{A}_1 = 0, \end{cases}$$

d. h. $d\mathfrak{A}_1$ steht senkrecht auf $\mathfrak{A}$.

Bei der Differentiierung eines Vektorprodukts muß die Reihenfolge beachtet werden:

$$d[\mathfrak{A}\mathfrak{B}] = [d\mathfrak{A}\mathfrak{B}] + [\mathfrak{A}\,d\mathfrak{B}].$$

Ferner ist:

$$d(\mathfrak{A}\mathfrak{B}) = (\mathfrak{A}\,d\mathfrak{B}) + (\mathfrak{B}\,d\mathfrak{A}).$$

Ein Radiusvektor ist bestimmt durch:

$$\mathfrak{r} = ix + jy + \mathfrak{k}z + \mathfrak{a},$$
$$d\mathfrak{r} = i\,dx + j\,dy + \mathfrak{k}\,dz.$$

Hieraus folgt:

(21)
$$\begin{cases} i\,d\mathfrak{r} = dx \\ j\,d\mathfrak{r} = dy \\ \mathfrak{k}\,d\mathfrak{r} = dz. \end{cases}$$

Daher:

$$d\mathfrak{r}\,(i + j + \mathfrak{k}) = dx + dy + dz.$$

Bei der Untersuchung der funktionellen Abhängigkeit der Vektoren von anderen Größen werden wir naturgemäß zu der Auswertung von Differentialkoeffizienten geführt.

Betrachten wir einen physikalischen Vektor in seiner Abhängigkeit von anderen Größen.

In einem Wasserstrom wird in jedem Punkte die Geschwindigkeit des Wassers eine bestimmte Größe und eine bestimmte Richtung haben. Diese Geschwindigkeit ist daher in jedem Zeitpunkte eine bestimmte Vektorfunktion der Koordinaten des Punktes oder kurz des Raumes. Man hat sich in diesem Falle den die Geschwindigkeit darstellenden Vektor als kontinuierlich im Raum verteilt vorzustellen:

$$\mathfrak{A} = f(x, y, z).$$

Ändert sich diese Geschwindigkeit mit der Zeit, so ist:

$$\mathfrak{A} = f(x, y, z, t).$$

Beschränkt man sich darauf, die zeitlichen Änderungen der Geschwindigkeit des Wassers in einem bestimmten Punkte zu untersuchen, so wird der Koeffizient

$$\frac{d\mathfrak{A}}{dt}$$

von Interesse sein. Dieser Differentialquotient ist ohne weiteres verständlich.

Nicht so einfach liegen die Verhältnisse bei dem vorerst genannten Falle, wo die Geschwindigkeit $\mathfrak{A}$ in einem Punkte in ihrer Abhängigkeit von der Lage des Punktes im Raume untersucht werden soll. Legt man einen Punkt als Anfangspunkt eines Radiusvektors fest, von dem aus der Radius nach beliebigen Punkten des Raumes gezogen werden kann, so läßt sich die Geschwindigkeit des Wassers als eine Funktion dieses Radiusvektors angeben. Im allgemeinen wird jeder sehr kleinen Änderung des Radiusvektors eine sehr kleine Änderung von $\mathfrak{A}$ entsprechen. Der Differentialkoeffizient $\frac{d\mathfrak{A}}{d\mathfrak{r}}$ ist aber zunächst unbestimmt, weil, wie wir gesehen haben, bei Kenntnis des Produktes zweier Vektoren und des einen Faktors der andere Faktor nicht bekannt ist.

Hingegen hat es einen bestimmten Sinn, zu fragen, welche Änderung ein Vektor $\mathfrak{A}$ erleidet, wenn man in einer bestimmten Richtung r_1 um die Strecke dr weiter geht. In der Tat spielt der Koeffizient

$$\frac{\partial \mathfrak{A}}{\partial r}$$

eine wichtige Rolle in der theoretischen Physik. Weiter unten wird dieser Koeffizient eingehender behandelt werden.

Man kann auch nach der Änderung fragen, welche der Vektor $\mathfrak{A}$ erleidet bei einer bloßen Richtungsänderung des Radiusvektors r, d. h. bei Konstanz vor r. Offenbar liegen die Werte von $\mathfrak{A}$, welche hier in Frage kommen, sämtlich auf einer Kugelfläche, welche mit dem Radius r um den Anfang des Radiusvektors beschrieben werden.

§ 7.
Die Differentialoperatoren.

Die Auswertung von Differentialkoeffizienten wird sehr erleichtert durch die Einführung von Differentialoperatoren. Sie lassen sich alle von dem Hamiltonschen Operator ∇ ableiten, welchen wir mit Nabla bezeichnen wollen. Dieser ist definiert durch:

$$(22) \qquad \nabla = \mathfrak{i}\,\frac{\partial}{\partial x} + \mathfrak{j}\,\frac{\partial}{\partial y} + \mathfrak{k}\,\frac{\partial}{\partial z}.$$

Wirkt der Operator ∇ auf einen Vektor, so ist das Resultat ein Skalar:

$$(23) \qquad \nabla \mathfrak{A} = \left(\mathfrak{i}\,\frac{\partial}{\partial x} + \mathfrak{j}\,\frac{\partial}{\partial y} + \mathfrak{k}\,\frac{\partial}{\partial z}\right)(\mathfrak{i}A_1 + \mathfrak{j}A_2 + \mathfrak{k}A_3)$$
$$= \frac{\partial A_1}{\partial x} + \frac{\partial A_2}{\partial y} + \frac{\partial A_3}{\partial z}.$$

Man erkennt, daß bei Auflösung der Klammern die Ausdrücke $\mathfrak{i}\,\frac{\partial}{\partial x}$ usw. sowohl die Rolle von Faktoren als wie von Differentialoperatoren spielen.

In der Tat ist dieser zweifache Charakter der Vektoroperatoren stets im Auge zu behalten und zwar besonders bei der Differentiierung von Produkten.

Der Ausdruck $\nabla\mathfrak{A}$ wird die Divergenz von $\mathfrak{A}$ genannt und auch mit $div\,\mathfrak{A}$ bezeichnet:

$$\nabla\mathfrak{A} = div\,\mathfrak{A}.$$

Die Deutung der Divergenz eines Vektors wird erleichtert, wenn wir sie mit dem früher besprochenen Vektorfluß in Beziehung bringen. Wie gezeigt worden ist, läßt sich der Vektorfluß durch die Oberfläche eines geschlossenen Raumes auffassen als die Summe der Vektorflüsse, welche den Begrenzungsflächen der Volumelemente des Raumes zukommen. Man kann nun die Volumelemente als die Quellen auffassen, denen die elementaren Vektorflüsse entspringen, und der Gesamtvektorfluß durch die Oberfläche wäre dann durch die Ergiebigkeit sämtlicher Quellen der Raumelemente bestimmt.

Fassen wir ein beliebiges Raumelement ins Auge, so wird in dieses ein gewisser Fluß von $\mathfrak{A}$ eintreten und im allgemeinen ein unendlich wenig verschiedener Fluß von $\mathfrak{A}$ austreten. Der Überschuß des ausgetretenen über den eingetretenen Fluß wird nun die Ergiebigkeit des Raumelementes darstellen.

Ist die Raumeinteilung in der Weise erfolgt, daß die drei Scharen von Ebenen der yz-, der xz- und der xy-Ebene eines Koordinatensystems parallel sind, dessen x, y und z in den Richtungen $\mathfrak{i}\,\mathfrak{j}\,\mathfrak{k}$ zunehmen, so stellt $dx\,dy\,dz$ ein Volumelement dar, und die paarweise gegenüberliegenden sechs Flächen desselben sind $\pm\,\mathfrak{i}\,dy\,dz$, $\pm\,\mathfrak{j}\,dx\,dz$, $\pm\,\mathfrak{k}\,dy\,dx$.

Hat nun der Vektor an der Fläche $-\,\mathfrak{i}\,dy\,dz$ den Wert $\mathfrak{A}$, so wird er an der gegenüberliegenden Fläche $\mathfrak{i}\,dy\,dz$, welche um die Strecke dx davon entfernt liegt, den Wert haben:

$$\mathfrak{A} + \frac{\partial\mathfrak{A}}{\partial x}dx.$$

Der Überschuß des austretenden über den eintretenden Vektorfluß, d. h. der gesamte Vektorfluß durch die betrachteten unendlich kleinen Seiten, ist daher:

$$\left(\mathfrak{A} + \frac{\partial\mathfrak{A}}{\partial x}dx\right)\mathfrak{i}\,dy\,dz - \mathfrak{A}\,\mathfrak{i}\,dy\,dz,$$

oder:

$$\mathfrak{i}\frac{\partial\mathfrak{A}}{\partial x}dx\,dy\,dz.$$

Dieser Ausdruck läßt sich auch schreiben:

$$\mathfrak{i}\left(\mathfrak{i}\frac{\partial A_1}{\partial x} + \mathfrak{j}\frac{\partial A_2}{\partial x} + \mathfrak{k}\frac{\partial A_3}{\partial x}\right) dx\,dy\,dz,$$

oder:

$$\frac{\partial A_1}{\partial x}\,dx\,dy\,dz.$$

Für die beiden anderen Seitenpaare gelten analoge Überlegungen. Wir fassen zusammen:

Der Überschuß des austretenden Flusses über den eintretenden durch die $\pm\,\mathfrak{i}\,dy\,dz$-Flächen ist, wie wir gezeigt haben:

$$\mathfrak{i}\,dy\,dz\,\frac{\partial \mathfrak{A}}{\partial x}\,dx = \frac{\partial A_1}{\partial x}\,dx\,dy\,dz.$$

Durch die $\pm\,\mathfrak{j}\,dx\,dz$-Flächen findet man analog:

$$\mathfrak{j}\,dx\,dz\,\frac{\partial \mathfrak{A}}{\partial y}\,dy = \frac{\partial A_2}{\partial y}\,dx\,dy\,dz.$$

Durch die $\pm\,\mathfrak{k}\,dx\,dy$-Flächen:

$$\mathfrak{k}\,dx\,dy\,\frac{\partial \mathfrak{A}}{\partial z}\,dz = \frac{\partial A_3}{\partial z}\,dx\,dy\,dz.$$

Der Vektorfluß, welcher dem Volumelement $dx\,dy\,dz = d\tau$ entspringt, ist daher:

$$\left(\frac{\partial A_1}{\partial x} + \frac{\partial A_2}{\partial y} + \frac{\partial A_3}{\partial z}\right) dx\,dy\,dz,$$

folglich ist der gesamte Vektorfluß, welcher dem geschlossenen Raume entspringt:

$$\int\left(\frac{\partial A_1}{\partial x} + \frac{\partial A_2}{\partial y} + \frac{\partial A_3}{\partial z}\right) d\tau.$$

Wie früher gezeigt worden, ist der gesamte Vektorfluß durch das Oberflächenintegral von $\mathfrak{A}$ definiert. Daher ist:

(24) $$\int \mathfrak{A}\,d\mathfrak{g} = \int \nabla\mathfrak{A}\,d\tau.$$

Dieser Satz wird als der Satz von Gauß bezeichnet.

Das Oberflächenintegral eines Vektors verschwindet, wenn die Divergenz des betreffenden Vektors null ist. Die Gleichung

$$(25) \qquad\qquad \nabla \mathfrak{A} = 0$$

heißt die hydrodynamische Gleichung. Sie enthält die
Bedingung, daß eine Flüssigkeit, deren Geschwindigkeit $\mathfrak{A}$ ist,
inkompressibel sei.

Denkt man sich nämlich innerhalb einer unzusammen-
drückbaren, sich bewegenden Flüssigkeit einen Raum ab-
gegrenzt, so wird in jedem Zeitmoment ebensoviel Flüssigkeit
aus diesem Raume ausfließen wie einfließen. Mit anderen
Worten, die in jedem Momente im ganzen einfließende Flüssigkeit ist null.

Die Quantität einer Flüssigkeit, welche durch eine Fläche
mit der Geschwindigkeit $\mathfrak{A}$ eintritt, ist aber $\int \mathfrak{A}\, d\mathfrak{g}$, d. h. gleich
dem Oberflächenintegral von $\mathfrak{A}$ über $\mathfrak{g}$. Man erkennt hieraus,
daß das Oberflächenintegral von $\mathfrak{A}$ über eine geschlossene
Fläche null wird, wenn die Flüssigkeit unzusammendrückbar
ist. Infolge des Gaußschen Satzes wird dann auch die
Divergenz von $\mathfrak{A}$ null.

Das Beispiel einer strömenden Flüssigkeit hat noch einen
weiteren Vorzug. Denkt man sich nämlich in einem Punkte
eines abgegrenzten Raumes eine Quelle der Flüssigkeit, so
wird der Vektorfluß der Geschwindigkeit $\mathfrak{A}$, d. h. die Strömung der Flüssigkeit durch die Begrenzungsfläche des Raumes
unabhängig sein von der Gestaltung dieser Fläche, solange
diese Fläche die Quelle einschließt. Diese Tatsache ist im
Gaußschen Satze enthalten, indem bei der Bildung des Oberflächenintegrals von $\mathfrak{A}$ eine beliebige Fläche in Frage
kommt, welche sämtliche Volumelemente mit Divergenzstellen
einschließt.

Wirkt der Operator ∇ auf einen Skalar, so ist das Resultat ein Vektor. Man bezeichnet ∇A als den Anstieg oder Gradienten der Raumfunktion A.

$$(26) \qquad \nabla A = \mathfrak{i}\,\frac{\partial A}{\partial x} + \mathfrak{j}\,\frac{\partial A}{\partial x} + \mathfrak{k}\,\frac{\partial A}{\partial z}.$$

Um mit dieser Operation ein Bild zu verbinden, denke man sich einen Körper, dessen Dichte variabel ist, und zwar in der Weise, daß sprungweise Dichteänderungen nicht vorkommen mögen. Die Dichte A kann dann als stetige Funktion des Raumes dargestellt werden.

Legt man in dem Körper einen Punkt als Anfangspunkt eines Radiusvektors fest, so wird die Dichte in jedem Punkte eine bestimmte Funktion dieses Radiusvektors sein. Beachtet man das im Anschluß an Gleichung (2) Seite (7) Gesagte, so wird man erkennen, daß ∇A in diejenige Richtung fällt, in der sich A am meisten ändert. Denn nur in dieser Richtung erreicht ∇A seinen größten Wert. — Wie bei jedem anderen Vektor findet man die Komponente von ∇A in einer beliebigen Richtung $\mathfrak{r}_1$, indem man den Vektor ∇A auf diese Richtung projiziert. Es ist dann, vgl. Gleichung (7a) S. 19, der Absolutwert der Komponenten von ∇A in der Richtung $\mathfrak{r}_1$

$$(27) \qquad (\mathfrak{r}_1 \nabla A).$$

Daher ist

$$\frac{\partial A}{\partial r} = (\mathfrak{r}_1 \nabla A).$$

Man gelangt zu diesem Ausdruck auch noch auf anderem Wege. Geht man in der beliebigen Richtung $\mathfrak{r}_1$ um die Strecke dr weiter, so wird sich A im allgemeinen um dA ändern. Zu dem Endpunkte von $d\mathfrak{r}$ gelangt man aber, indem man in der $\mathfrak{i}$-Richtung um dx, dann in der $\mathfrak{j}$-Richtung um dy und schließlich in der $\mathfrak{k}$-Richtung um dz weiter geht. Daher ist:

$$\frac{\partial A}{\partial r} = \frac{\partial A}{\partial x}\frac{dx}{dr} + \frac{\partial A}{\partial y}\frac{dy}{dr} + \frac{\partial A}{\partial z}\frac{dz}{dr},$$

und nach Gleichung (21) nimmt die rechte Seite den Wert an:

$$\frac{\partial A}{\partial r} = \frac{\partial A}{\partial x}\left(\mathfrak{i}\,\frac{d\mathfrak{r}}{dr}\right) + \frac{\partial A}{\partial y}\left(\mathfrak{j}\,\frac{d\mathfrak{r}}{dr}\right) + \frac{\partial A}{\partial z}\left(\mathfrak{k}\,\frac{d\mathfrak{r}}{dr}\right).$$

Bei konstantem $\mathfrak{r}_1$ ist aber:

$$d\mathfrak{r} = \mathfrak{r}_1 dr.$$

Daher:

$$\frac{\partial A}{\partial r} = \left(\mathfrak{r}_1\left(\mathfrak{i}\,\frac{\partial A}{\partial x} + \mathfrak{j}\,\frac{\partial A}{\partial y} + \mathfrak{k}\,\frac{\partial A}{\partial z}\right)\right),$$

(28) $$\frac{\partial A}{\partial r} = \left(\mathfrak{r}_1(\nabla A)\right) = (\mathfrak{r}_1\,\nabla)A.$$

Diese Gleichung läßt erkennen, daß $\frac{\partial A}{\partial r}$ seinen Maximalwert erreicht, wenn $\mathfrak{r}_1$ in die Richtung von ∇A fällt. $\frac{\partial A}{\partial r}$ wird null, wenn $\mathfrak{r}_1$ senkrecht auf ∇A steht. Bezeichnet man daher die Flächen, auf welchen die Dichte A konstant ist, als Niveauflächen, so steht ∇A in jedem Punkte dieser Fläche auf der Niveaufläche senkrecht und fällt in die Richtung, in der sich A am meisten ändert.

Anmerkung. Nachdem wir die Beziehung des Differentialkoeffizienten $\frac{\partial A}{\partial r}$ zu dem Gradienten von A erläutert haben, liegt es nahe, letzteren ebenfalls durch einen Differentialkoeffizienten darzustellen.

∇A ist invariant, denn unabhängig von dem gewählten Koordinatensystem stellt es für einen beliebigen Punkt des Skalarfeldes stets einen Vektor dar, in dessen Richtung sich A am meisten ändert. Erwägen wir nun, daß das totale Differential von $\mathfrak{r}$

$$d\mathfrak{r} = \mathfrak{r}_1\,dr + r\,d\mathfrak{r}_1$$

und für ein beliebiges Koordinatensystem:

$$d\mathfrak{r} = \mathfrak{i}\,dx + \mathfrak{j}\,dy + \mathfrak{k}\,dz,$$

so liegt es nahe zu setzen:

(29) $$\nabla A = \frac{dA}{d\mathfrak{r}}.$$

Hierbei haben wir vorläufig nur die funktionelle Abhängigkeit des Skalars A von $\mathfrak{r}$ im Auge. Die mathematische

Deutung des Koeffizienten muß sich dann mit dem physika-lischen Sinn im Einklang bringen lassen.

Projizieren wir $\frac{dA}{d\mathfrak{r}}$ auf die Richtungen der zunehmenden x bzw. y und z eines Koordinatensystems, so erhalten wir die Absolutwerte der Komponenten von $\frac{dA}{d\mathfrak{r}}$ nach diesen Richtungen:

$$\left(\mathfrak{i}\frac{dA}{d\mathfrak{r}}\right), \quad \left(\mathfrak{j}\frac{dA}{d\mathfrak{r}}\right), \quad \left(\mathfrak{k}\frac{dA}{d\mathfrak{r}}\right).$$

Dann sind die Komponenten selbst:

$$\mathfrak{i}\left(\mathfrak{i}\frac{dA}{d\mathfrak{r}}\right), \quad \mathfrak{j}\left(\mathfrak{j}\frac{dA}{d\mathfrak{r}}\right), \quad \mathfrak{k}\left(\mathfrak{k}\frac{dA}{d\mathfrak{r}}\right).$$

Und es folgt:

(30) $$\frac{dA}{d\mathfrak{r}} = \mathfrak{i}\left(\mathfrak{i}\frac{dA}{d\mathfrak{r}}\right) + \mathfrak{j}\left(\mathfrak{j}\frac{dA}{d\mathfrak{r}}\right) + \mathfrak{k}\left(\mathfrak{k}\frac{dA}{d\mathfrak{r}}\right).$$

Damit nun sei:

$$\frac{dA}{d\mathfrak{r}} = \nabla A = \mathfrak{i}\frac{\partial A}{\partial x} + \mathfrak{j}\frac{\partial A}{\partial y} + \mathfrak{k}\frac{\partial A}{\partial z},$$

müssen die Klammerwerte sein:

$$\left(\mathfrak{i}\frac{dA}{d\mathfrak{r}}\right) = \frac{\partial A}{\partial x},$$

$$\left(\mathfrak{j}\frac{dA}{d\mathfrak{r}}\right) = \frac{\partial A}{\partial y},$$

$$\left(\mathfrak{k}\frac{dA}{d\mathfrak{r}}\right) = \frac{\partial A}{\partial z}.$$

In der Tat erhält man, wenn man Zähler und Nenner der ersten Klammer mit $\mathfrak{i}$, der zweiten mit $\mathfrak{j}$, der dritten mit $\mathfrak{k}$ multipliziert und dabei beachtet, daß

$$(\mathfrak{i}\, d\mathfrak{r}) = dx, \quad (\mathfrak{j}\, d\mathfrak{r}) = dy, \quad (\mathfrak{k}\, d\mathfrak{r}) = dz,$$

die rechten Seiten der Gleichungen.

Hieraus zieht man den Schluß, daß die Festsetzung

$$\nabla A = \frac{dA}{d\mathfrak{r}}$$

mathematisch zur Folge hat, daß man Zähler und Nenner

der Ausdrücke $\left(\mathfrak{i}\dfrac{d\,A}{d\,\mathfrak{r}}\right)$ usw. mit demselben Vektor multiplizieren kann.

Wir haben gesehen, daß $(\mathfrak{r}_1 \nabla)\,A$ den Absolutwert der Komponente des Vektors ∇A in der Richtung $\mathfrak{r}_1$ bedeutet. Die Komponente selbst hat daher den Wert:

$$\mathfrak{r}_1\,(\mathfrak{r}_1 \nabla A).$$

Von Interesse ist der Ausdruck $(\mathfrak{r}_1 \nabla)\dfrac{1}{r}$ und $\nabla\dfrac{1}{r}$

(31) $$(\mathfrak{r}_1 \nabla)\,\frac{1}{r} = \frac{d}{d\,r}\,\frac{1}{r} = -\,\frac{1}{r^2}.$$

Daher:

(32) $$\nabla\frac{1}{r} = \mathfrak{r}_1\,(\mathfrak{r}_1 \nabla)\,\frac{1}{r} = -\,\frac{\mathfrak{r}_1}{r^2}.$$

Man erkennt, daß ∇ als ein Vektor aufgefaßt werden kann, dessen Komponenten in der $\mathfrak{i}\,\mathfrak{j}\,\mathfrak{k}$-Richtung die Absolutwerte

$$\frac{\partial}{\partial x},\ \frac{\partial}{\partial y},\ \frac{\partial}{\partial z}$$

haben. Das Rechnen mit diesem und den daraus abgeleiteten Vektoroperatoren gewinnt sehr an Einfachheit, wenn die Operatoren wie andere Vektoren behandelt werden. Ein solches Verfahren ist durchaus wissenschaftlich und auf Grund der Theorie der Invarianten streng zu begründen. Übrigens bedienen wir uns auch auf anderen Gebieten derartiger symbolischer Methoden, so z. B. zur Lösung von gewöhnlichen Differentialgleichungen. Der Nachweis der Berechtigung des Verfahrens ist dann nach Lösung der Gleichung leicht zu erbringen, indem die Differentiation der Integralgleichung die ursprüngliche Differentialgleichung liefern muß.

Sollte bei einer derartigen Behandlung der Operatoren ein Zweifel über die Berechtigung des Verfahrens entstehen, so steht immer der Weg offen, den Operator in seine Komponenten aufzulösen und die Operationen schrittweise auszuführen.

Bisher haben wir die Ausdrücke $\nabla \mathfrak{A}$, ∇A und $(\mathfrak{r}_1 \nabla)\,A$ kennen gelernt. Diese Ausdrücke können als Produktbildungen aufgefaßt werden. Es liegt nun nahe, das Vektorprodukt aus ∇ und $\mathfrak{A}$ zu untersuchen, d. h. den Ausdruck $[\nabla\mathfrak{A}]$. Entwickeln wir diesen Ausdruck gerade so wie $[\mathfrak{A}\mathfrak{B}]$, so folgt:

$$(33) \qquad [\nabla\mathfrak{A}] = \begin{vmatrix} \mathfrak{i} & \mathfrak{j} & \mathfrak{k} \\ \dfrac{\partial}{\partial x} & \dfrac{\partial}{\partial y} & \dfrac{\partial}{\partial z} \\ A_1 & A_2 & A_3 \end{vmatrix},$$

oder:

$$(34) \quad [\nabla\mathfrak{A}] = \mathfrak{i}\left(\frac{\partial A_3}{\partial y} - \frac{\partial A_2}{\partial z}\right) + \mathfrak{j}\left(\frac{\partial A_1}{\partial z} - \frac{\partial A_3}{\partial x}\right) + \mathfrak{k}\left(\frac{\partial A_2}{\partial x} - \frac{\partial A_1}{\partial y}\right).$$

Der Ausdruck $[\nabla\mathfrak{A}]$ wird als die Rotation von $\mathfrak{A}$ bezeichnet und auch durch das Zeichen:

$$\text{rot } \mathfrak{A}$$

dargestellt.

Der Sinn der Rotation eines Vektors ergibt sich am besten aus physikalischen Beispielen (siehe weiter unten).

Anmerkung. Man kann sich fragen, ob rot $\mathfrak{A}$ sich auch ähnlich wie ∇A als Differentialkoeffizient ausdrücken läßt.

Es ist zunächst:

$$(35) \qquad \text{rot } \mathfrak{A} = [\nabla\mathfrak{A}] = [\nabla\mathfrak{i}A_1] + [\nabla\mathfrak{j}A_2] + [\nabla\mathfrak{k}A_3]$$
$$= -\left[\mathfrak{i}(\nabla A_1)\right] - \left[\mathfrak{j}(\nabla A_2)\right] - \left[\mathfrak{k}(\nabla A_3)\right].$$

Für ∇A_1, ∇A_2, ∇A_3 setzen wir bzw. $\dfrac{dA_1}{d\mathfrak{r}}$, $\dfrac{dA_2}{d\mathfrak{r}}$, $\dfrac{dA_3}{d\mathfrak{r}}$ gemäß Gleichung (29) Seite 34.

Dann wird:

$$-\text{rot } \mathfrak{A} = \left[\mathfrak{i}\frac{dA_1}{d\mathfrak{r}}\right] + \left[\mathfrak{j}\frac{dA_2}{d\mathfrak{r}}\right] + \left[\mathfrak{k}\frac{dA_3}{d\mathfrak{r}}\right]$$
$$= \left[\frac{d\mathfrak{A}_x}{d\mathfrak{r}}\right] + \left[\frac{d\mathfrak{A}_y}{d\mathfrak{r}}\right] + \left[\frac{d\mathfrak{A}_z}{d\mathfrak{r}}\right].$$

Folglich:

$$(36) \qquad \text{rot } \mathfrak{A} = -\left[\frac{d\mathfrak{A}}{d\mathfrak{r}}\right].$$

Wir ziehen hieraus den Schluß, daß die Vereinbarung

$$\frac{dA}{d\mathfrak{r}} = \nabla A$$

weiter zur Definition der Rotation eines Vektors führt. Denn bei der Ableitung des axialen Koeffizienten haben wir nur diese Beziehung benutzt.

Die Divergenz einer Rotation ist null. Es ist nämlich:

(37) $$\nabla \operatorname{rot} \mathfrak{A} = \nabla [\nabla \mathfrak{A}].$$

Durch zyklische Vertauschung geht letzterer Ausdruck über in

$$[\nabla \nabla]\,\mathfrak{A}.$$

Ein Vektorprodukt, dessen beide Faktoren gleich sind, ist aber null. Daher

(38) $$\operatorname{div} \operatorname{rot} \mathfrak{A} = 0.$$

Des weiteren erörtern wir den Ausdruck

$$\operatorname{rot} [\mathfrak{A}\mathfrak{B}].$$

Da die Operation rot sich auf beide Faktoren des Vektorprodukts erstrecken soll, so kann man auch schreiben:

(39) $$\operatorname{rot}[\mathfrak{A}\mathfrak{B}] = [\nabla[\mathfrak{A}\mathfrak{B}]] = [\nabla_{\mathfrak{B}}[\mathfrak{A}\mathfrak{B}]] + [\nabla_{\mathfrak{A}}[\mathfrak{A}\mathfrak{B}]].$$

Die Indizes $\mathfrak{B}$ und $\mathfrak{A}$ bedeuten, daß die Variation bei konstantem $\mathfrak{B}$ bzw. bei konstantem $\mathfrak{A}$ auszuführen ist.

Diese Festsetzung soll allgemein gültig sein. D. h., ein an einem Differentialoperator angebrachter Index bedeutet immer, daß der Index konstant gehalten werden soll.

Die Ausdrücke:

$$[\nabla_{\mathfrak{B}}[\mathfrak{A}\mathfrak{B}]] \quad \text{und} \quad [\nabla_{\mathfrak{A}}[\mathfrak{A}\mathfrak{B}]]$$

lassen sich als dreifache Vektorprodukte auffassen und liefern als solche

$$[\nabla_{\mathfrak{B}}[\mathfrak{A}\mathfrak{B}]] = (\mathfrak{B}\nabla)\mathfrak{A} - \mathfrak{B}(\nabla\mathfrak{A}),$$

$$[\nabla_{\mathfrak{A}}[\mathfrak{A}\mathfrak{B}]] = \mathfrak{A}(\nabla\mathfrak{B}) - (\mathfrak{A}\nabla)\mathfrak{B}.$$

Daher ist:

(40) $$\operatorname{rot}[\mathfrak{A}\mathfrak{B}] = (\mathfrak{B}\nabla)\mathfrak{A} - \mathfrak{B}(\nabla\mathfrak{A}) + \mathfrak{A}(\nabla\mathfrak{B}) - (\mathfrak{A}\nabla)\mathfrak{B}.$$

Von Interesse ist die Anwendung dieser Formel auf den Fall, daß $\mathfrak{A}$ konstant und $\mathfrak{B}$ ein Radiusvektor ist.

(41) $$\operatorname{rot}_{\mathfrak{A}}[\mathfrak{A}\mathfrak{r}] = \mathfrak{A}(\nabla\mathfrak{r}) - (\mathfrak{A}\nabla)\mathfrak{r}.$$

Es ist nun:

$$\nabla \mathfrak{r} = \frac{\partial r_1}{\partial x} + \frac{\partial r_2}{\partial y} + \frac{\partial r_3}{\partial z}.$$

Aus Gleichung (21) Seite 27 folgt aber:

(42) $$\frac{\partial r_1}{\partial x} + \frac{\partial r_2}{\partial y} + \frac{\partial r_3}{\partial z} = \frac{\partial x}{\partial x} + \frac{\partial y}{\partial y} + \frac{\partial z}{\partial z} = 3.$$

Ferner ist:

$$(\mathfrak{A}\nabla)\mathfrak{r} = \left(A_1 \frac{\partial}{\partial x} + A_2 \frac{\partial}{\partial y} + A_3 \frac{\partial}{\partial z}\right)(\mathfrak{i}x + \mathfrak{j}y + \mathfrak{k}z)$$

(43) $$(\mathfrak{A}\nabla)\mathfrak{r} = \mathfrak{i}A_1 + \mathfrak{j}A_2 + \mathfrak{k}A_3 = \mathfrak{A}.$$

Folglich:

(44) $$\mathrm{rot}_{\mathfrak{A}}[\mathfrak{A}\mathfrak{r}] = 2\mathfrak{A}.$$

Die Rotation eines Radiusvektors ist null. Man erkennt dies am leichtesten, wenn man die Determinante für rot $\mathfrak{r}$ anschreibt.

(44a) $$\mathrm{rot}\,\mathfrak{r} = \begin{vmatrix} \mathfrak{i} & \mathfrak{j} & \mathfrak{k} \\ \dfrac{\partial}{\partial x} & \dfrac{\partial}{\partial y} & \dfrac{\partial}{\partial z} \\ r_1 & r_2 & r_3 \end{vmatrix} = 0.$$

Von häufigem Vorkommen ist ferner der Ausdruck

$$\mathrm{rot}(B\mathfrak{A}),$$

wo B einen beliebigen Skalar bezeichnen möge. Beachtet man, daß ein Produkt differentiiert wird, indem man den ersten Faktor bei Konstanthaltung des anderen variiert, dann den zweiten bei Konstanz des ersten und dann addiert, so folgt:

(45) $$\mathrm{rot}(B\mathfrak{A}) = [\nabla(B\mathfrak{A})] = [(\nabla B)\mathfrak{A}] + B[\nabla\mathfrak{A}]$$
$$= [(\nabla B)\mathfrak{A}] + B\,\mathrm{rot}\,\mathfrak{A}.$$

Wir wenden uns weiter zur Entwicklung des Ausdrucks:

(46) $$(\nabla[\mathfrak{A}\mathfrak{B}]).$$

Da hier ein Mißverständnis ausgeschlossen, so können die runden Klammern auch fortgelassen werden.

Man kann ihn als skalares Produkt von ∇ und $[\mathfrak{A}\mathfrak{B}]$ auffassen und demgemäß entwickeln.

Beachten wir, daß sowohl $\mathfrak{A}$ als auch $\mathfrak{B}$ variiert werden soll, so können wir setzen:

$$\nabla[\mathfrak{A}\mathfrak{B}] = \nabla_{\mathfrak{B}}[\mathfrak{A}\mathfrak{B}] + \nabla_{\mathfrak{A}}[\mathfrak{A}\mathfrak{B}].$$

Durch zyklische Vertauschung erhält man:

$$- \mathfrak{A}[\nabla\mathfrak{B}] + \mathfrak{B}[\nabla\mathfrak{A}].$$

Daher:

(47) $\qquad \nabla[\mathfrak{A}\mathfrak{B}] \equiv \operatorname{div}[\mathfrak{A}\mathfrak{B}] = \mathfrak{B}\operatorname{rot}\mathfrak{A} - \mathfrak{A}\operatorname{rot}\mathfrak{B}.$

Die Rotation eines Vektors, welcher als Anstieg einer skalaren Raumfunktion darstellbar ist, ist null.

(48) $\qquad \operatorname{rot}(\nabla A) \equiv \big[\nabla(\nabla A)\big] = 0.$

Es ist nämlich

$$\operatorname{rot}(\nabla A) = \begin{vmatrix} i & j & \mathfrak{k} \\ \dfrac{\partial}{\partial x} & \dfrac{\partial}{\partial y} & \dfrac{\partial}{\partial z} \\ \dfrac{\partial A}{\partial x} & \dfrac{\partial A}{\partial y} & \dfrac{\partial A}{\partial z} \end{vmatrix},$$

und wie man sofort erkennt, ist diese Determinante null.

Ein Operator, welcher sich aus dem Hamiltonschen ableiten läßt, indem man diesen mit sich selbst multipliziert, ist:

$$\nabla^2.$$

Der Ausdruck ∇^2 wird der Laplacesche Operator genannt und ist definiert durch:

$$\left(i\frac{\partial}{\partial x} + j\frac{\partial}{\partial y} + \mathfrak{k}\frac{\partial}{\partial z}\right)\left(i\frac{\partial}{\partial x} + j\frac{\partial}{\partial y} + \mathfrak{k}\frac{\partial}{\partial z}\right) = \frac{\partial^2}{\partial x^2} + \frac{\partial^2}{\partial y^2} + \frac{\partial^2}{\partial z^2},$$

z. B.:

(49) $\qquad \nabla^2\mathfrak{A} = \dfrac{\partial^2\mathfrak{A}}{\partial x^2} + \dfrac{\partial^2\mathfrak{A}}{\partial y^2} + \dfrac{\partial\mathfrak{A}^2}{\partial z^2},$

oder auch:

$$\nabla^2\mathfrak{A} = i\nabla^2 A_1 + j\nabla^2 A_2 + \mathfrak{k}\nabla^2 A_3.$$

Wirkt ∇^2 auf einen Skalar ein, so kann auch geschrieben werden:

(50) $\qquad \nabla^2 A = \nabla(\nabla A).$

Denn:

$$\frac{\partial^2 A}{\partial x^2} + \frac{\partial^2 A}{\partial y^2} + \frac{\partial^2 A}{\partial z^2} = \left(\mathfrak{i}\,\frac{\partial}{\partial x} + \mathfrak{j}\,\frac{\partial}{\partial y} + \mathfrak{k}\,\frac{\partial}{\partial z}\right)$$

$$\left(\mathfrak{i}\,\frac{\partial A}{\partial x} + \mathfrak{j}\,\frac{\partial A}{\partial y} + \mathfrak{k}\,\frac{\partial A}{\partial z}\right).$$

Eine solche Trennung der Faktoren ∇ ist jedoch nicht statthaft, wenn ∇^2 auf einen Vektor wirkt. Denn offenbar ist:

$$\nabla(\nabla\mathfrak{A}) = \nabla\,\frac{\partial A_1}{\partial x} + \nabla\,\frac{\partial A_2}{\partial y} + \nabla\,\frac{\partial A_3}{\partial z},$$

und dieser Wert ist verschieden von:

$$\nabla^2\mathfrak{A} = \mathfrak{i}\,\nabla^2 A_1 + \mathfrak{j}\,\nabla^2 A_2 + \mathfrak{k}\,\nabla^2 A_3.$$

In der theoretischen Physik kommt häufig der Operator rot^2 vor.
$$\mathrm{rot}^2\,\mathfrak{A} \equiv \big[\nabla[\nabla\mathfrak{A}]\big].$$

Man kann diesen Ausdruck als dreifaches Vektorprodukt aus ∇, ∇ und $\mathfrak{A}$ auffassen. Demgemäß nimmt es den Wert an:

$$\mathrm{rot}^2\,\mathfrak{A} = \nabla(\nabla\mathfrak{A}) - \nabla^2\mathfrak{A}$$

(51) $$\mathrm{rot}^2\,\mathfrak{A} = \nabla\,\mathrm{div}\,\mathfrak{A} - \nabla^2\mathfrak{A}.$$

§ 8.

Die Operation $(\mathfrak{A}\nabla)\mathfrak{B}$ beansprucht besonderes Interesse. Der Ausdruck kann als dreifaches Produkt der Vektoren $\mathfrak{A}$, ∇ und $\mathfrak{B}$ aufgefaßt werden:

(52) $$(\mathfrak{A}\nabla)\mathfrak{B} = \left(A_1\,\frac{\partial}{\partial x} + A_2\,\frac{\partial}{\partial y} + A_3\,\frac{\partial}{\partial z}\right)\mathfrak{B}.$$

Erinnert man sich der Formel

$$(\mathfrak{C}\mathfrak{B})\,\mathfrak{A} - (\mathfrak{A}\mathfrak{C})\,\mathfrak{B} = \big[\mathfrak{C}[\mathfrak{A}\mathfrak{B}]\big],$$

so läßt sich für $(\mathfrak{A}\nabla)\mathfrak{B}$ schreiben:

$$(\mathfrak{A}\nabla)\mathfrak{B} = \nabla_{\mathfrak{A}}(\mathfrak{A}\mathfrak{B}) + \big[[\nabla\mathfrak{B}]\,\mathfrak{A}\big]$$

(52a) $$= \nabla_{\mathfrak{A}}(\mathfrak{A}\mathfrak{B}) + [\mathrm{rot}\,\mathfrak{B}\,\mathfrak{A}].$$

Bedeutet $\mathfrak{A}$ in dieser Formel einen Einheitsvektor $\mathfrak{r}_1$, so bezeichnet der Operator $(\mathfrak{r}_1\nabla)$ eine Differentiation bei Konstanz der Richtung von $\mathfrak{r}_1$, wie wir bereits gesehen haben. D. h.:

(52b) $$\left(\frac{\partial\mathfrak{B}}{\partial r}\right) = (\mathfrak{r}_1\nabla)\mathfrak{B} = \nabla_{\mathfrak{r}_1}(\mathfrak{r}_1\mathfrak{B}) + [\mathrm{rot}\,\mathfrak{B}\,\mathfrak{r}_1].$$

Multipliziert man diese Gleichung mit r, so folgt:

$$r\left(\frac{\partial \mathfrak{B}}{\partial r}\right) = (\mathfrak{r}\nabla)\,\mathfrak{B} = \nabla_{\mathfrak{r}}(\mathfrak{r}\mathfrak{B}) + [\text{rot }\mathfrak{B}\,\mathfrak{r}].$$

Diese Gleichung gestattet es, einen Vektor als Funktion eines Radiusvektors nach der Mc. Laurinschen Reihe zu entwickeln. Bekanntlich ist, wenn $y = f(x)$,

$$y = f(0) + f'(0)x + f''(0)\frac{x^2}{1\cdot 2} + \cdots$$

In dieser Gleichung bedeuten $f(0)$, $f'(0)$ usw. die Funktion y bzw. die Derivierten dieser Funktion, nachdem man in denselben $x = 0$ gesetzt hat.

Ist daher der Vektor $\mathfrak{B}$ eine lineare Funktion von $\mathfrak{r}$ und versteht man unter $d\mathfrak{B}$ die Änderung, die $\mathfrak{B}$ erleidet, wenn man in der beliebigen Richtung $\mathfrak{r}_1$ um die Strecke dr weitergeht, so ergibt sich:

$$(53) \qquad \mathfrak{B} = \mathfrak{B}_0 + r\frac{\partial \mathfrak{B}}{\partial r}.$$

Der Index 0 bedeutet, daß die Werte von $\mathfrak{B}$ und von $\frac{\partial \mathfrak{B}}{\partial r}$ in Frage kommen, welche in einem unendlich kleinen Bezirk um den Anfangspunkt des Radiusvektors herum bestehen.

Man erkennt nun, daß man gemäß Gleichung (52b) setzen kann:

$$(54) \qquad \mathfrak{B} = \mathfrak{B}_0 + (\mathfrak{r}\nabla)_0\mathfrak{B},$$

wenn man $\mathfrak{B}$ in dem unendlich kleinen Bezirke, welcher den Ursprung des Radiusvektors umgibt, angeben will. $\mathfrak{r}$ ist alsdann ein unendlich kleiner Radius.

Durch Einsetzen des Wertes von $(\mathfrak{r}\nabla)\,\mathfrak{B}$ aus Gleichung (52a) folgt:

$$(55) \qquad \mathfrak{B} = \mathfrak{B}_0 + \nabla_{\mathfrak{r}}(\mathfrak{r}\mathfrak{B}) + [\text{rot }\mathfrak{B}\,\mathfrak{r}].$$

Nun ist: $\nabla_{\mathfrak{r}}(\mathfrak{r}\mathfrak{B}) = \nabla(\mathfrak{r}\mathfrak{B}) - \nabla_{\mathfrak{B}}(\mathfrak{r}\mathfrak{B})$.

Durch Entwicklung des letzten Terms findet man:

$$\nabla_{\mathfrak{B}}(\mathfrak{r}\mathfrak{B}) = \mathfrak{B}.$$

Folglich:

(56) $$\mathfrak{B} = \frac{1}{2}\,\mathfrak{B}_0 + \frac{1}{2}\,\nabla\,(\mathfrak{r}\,\mathfrak{B}) + \frac{1}{2}\,[\mathrm{rot}\,\mathfrak{B}\,\mathfrak{r}].$$

Gleichungen (55) und (56) finden eine wichtige Anwendung in der Hydrodynamik.

Einfachere Beispiele aus der Mechanik.

I. Zur Statik starrer Körper.

Ein starrer Körper ist dadurch definiert, daß man die Angriffspunkte der auf ihn wirkenden Kräfte beliebig in den entsprechenden Kraftrichtungen verschieben kann, ohne das Gleichgewicht zu stören, bzw. den Bewegungszustand zu ändern.

Wir beweisen folgenden Satz:

Die Kräfte, welche in den Schwerpunkten der Flächen eines Polyeders normal zu diesen und nach innen gewandt mit Intensitäten angreifen, welche den Inhalten der betreffenden Flächen proportional sind, halten sich im Gleichgewicht.

Zunächst beweisen wir diesen Satz für ein reguläres Tetraeder.

Errichtet man in den Schwerpunkten der Flächen eines solchen die Normalen, so treffen sich diese Normalen bekanntlich in einem Punkte und gehen durch die Ecken des Tetraeders. Wenn man daher die Angriffspunkte der in den Schwerpunkten der Tetraederflächen angreifenden normalen Kräfte nach diesem Schnittpunkt verlegt und beachtet, daß die Kräfte der Größe und Richtung nach bis auf das Vorzeichen den als Vektoren aufgefaßten Flächen entsprechen, für welche die Gleichung gilt: $\sum \mathfrak{g} = 0$, so ist einleuchtend, daß diese Kräfte sich im Gleichgewicht halten müssen.

Die Richtigkeit des obigen Satzes erhellt auch ohne weiteres, wenn wir ihn auf einen Würfel anwenden.

Hat man ein beliebiges Polyeder, so kann man dieses durch drei Scharen von Ebenen in eine unendlich große Anzahl

von Würfeln lückenlos einteilen. Läßt man auf die Flächen
der Würfel die normalen nach innen gerichteten gleichen
Kräfte wirken, so daß sie im Schwerpunkte der Würfelflächen
angreifen, so wird jeder Würfel im Gleichgewicht sein und
folglich auch das Polyeder. Erwägt man, daß auf zwei
aneinander stoßende Würfelflächen gleiche und entgegengesetzte
Kräfte wirken, welche sich also aufheben, so bleiben als
wirkende Kräfte nur diejenigen übrig, die an den Elementen
der Polyederflächen selbst angreifen. Auf die Elemente der
Polyederflächen wirken nun gleiche normale Kräfte. Diese
können bei jeder Polyederfläche ersetzt werden durch eine
einzelne im Schwerpunkt der Polyederfläche angreifende
normal nach innen gerichtete Kraft von der Größe des Inhalts
der entsprechenden Fläche.

Hieraus folgt, daß ein Polyeder im Gleichgewicht sich
befindet, wenn in den Schwerpunkten der Flächen zu letzteren
proportionale, normale, nach innen gerichtete Kräfte angreifen.

II. Zur Theorie des Schwerpunktes; das Moment einer Kraft.

Im folgenden betrachten wir den Gleichgewichtszustand
eines starren, homogenen Körpers, auf welchen die als konstanter Vektor aufgefaßte Schwerkraft einwirkt. Der Schwerpunkt eines solchen Körpers fällt mit dem Massenmittelpunkt
zusammen. Daher genügt er der Bedingung, daß sein Abstand
von einer beliebigen Ebene gleich dem mittleren Abstande
seiner sämtlichen Punkte von dieser Ebene ist.

Um die Bedingungen, welche an den Schwerpunkt zu
knüpfen sind, analytisch zu formulieren, ist es nützlich, vorher
auf den Begriff eines Kraftmoments einzugehen.

Unter dem Kraftmoment $\mathfrak{M}$ einer im Punkt P angreifenden
Kraft $\mathfrak{F}$ in bezug auf den Aufpunkt 0 versteht man den Ausdruck:

$$[\mathfrak{r}\mathfrak{F}],$$

wo $\mathfrak{r}$ von 0 nach P zu ziehen ist. Das Kraftmoment strebt
den Körper um eine durch 0 gehende, senkrecht zu $\mathfrak{r}$ und $\mathfrak{F}$
stehende Achse zu drehen. Damit also ein Körper weder eine

Drehwirkung und noch eine translatorisch wirkende Kraft-
wirkung erfahre, muß die geometrische Summe aller Kraftmomente und die Summe aller Kräfte null sein.

Das heißt:

$$(57) \quad \begin{cases} \sum \mathfrak{F} = 0, \\ \sum [\mathfrak{r}\mathfrak{F}] = 0. \end{cases}$$

Der Schwerpunkt eines Körpers ist nun dadurch ausgezeichnet, daß für jede beliebige Orientierung des Körpers
gegen die Kraftrichtung die Summe aller Kraftmomente bezogen auf den Schwerpunkt null ist. Ist die Dichte des
homogenen Körpers ϱ und bezeichnen wir die Schwerkraft
mit $\mathfrak{G}$ und ein Volumelement mit dv, so wirkt auf den Körper
eine Kraft:

$$\mathfrak{F} = \int \mathfrak{G} \varrho \, dv.$$

Es ist daher die Summe $\mathfrak{R}$ aller Kraftmomente:

$$\mathfrak{R} = \varrho \int [\mathfrak{r}\mathfrak{G}] \, dv.$$

$\mathfrak{G}$ ist von einem Potential ableitbar:

$$\mathfrak{G} = \nabla \varphi;$$

.daher

$$\mathfrak{R} = \varrho \int [\mathfrak{r} \nabla \varphi] \, dv.$$

Nun ist nach Gleichung (48):

$$[\mathfrak{r} \nabla \varphi] = \varphi \operatorname{rot} \mathfrak{r} - \operatorname{rot}(\varphi \mathfrak{r}).$$

Da aber

$$\operatorname{rot} \mathfrak{r} = 0,$$

so folgt:

$$\varrho \int [\mathfrak{r} \nabla \varphi] \, dv = - \varrho \int \operatorname{rot}(\varphi \mathfrak{r}) \, dv$$

$$= \varrho \int [\varphi \mathfrak{r} \, d\mathfrak{g}].$$

Daher

$$\mathfrak{R} = \varrho \int [(\varphi \mathfrak{r}) \, d\mathfrak{g}].$$

Es läßt sich also das Gesamtmoment der auf einen
homogenen Körper wirkenden Kräfte bezogen auf
einen beliebigen Aufpunkt durch ein vektorielles Ober-

flächenintegral angeben, wenn das Potential der Kraft an jedem Punkte der Oberfläche desselben bekannt ist.

Für den Schwerpunkt gilt:

$$\int [(\varphi \mathfrak{r})\, d\mathfrak{g}] = 0$$

oder:

$$\int [\mathfrak{r}\,\mathfrak{G}]\, dv = 0.$$

Diese Bedingung muß für jede beliebige Lage des Körpers erfüllt sein, oder, was dasselbe bedeutet, bei einer bestimmten Lage des Körpers muß die Gleichung für eine beliebig gerichtete konstante Kraft erfüllt sein. Das ist aber nur möglich, wenn:

$$(58) \qquad \int \mathfrak{r}\, dv = 0.$$

Dieser Bedingung muß der Schwerpunkt eines jeden homogenen Körpers genügen.

III. Die Bewegung eines starren Körpers.

Der allgemeine Fall der Bewegung (Schraubung) eines starren Körpers tritt ein, wenn der Körper außer einer translatorischen Bewegung eine Drehung ausführt. Man erhält die Geschwindigkeit eines beliebigen Punktes des Körpers, wenn man zur translatorischen Geschwindigkeit die rotatorische addiert. Wir wollen nun den Ausdruck für die letztere ableiten.

In der Figur bezeichne der große Pfeil die Lage der Drehachse. Auf dieser wählen wir einen beliebigen Punkt 0, von dem aus wir den Radiusvektor nach dem Punkte P des starren Körpers ziehen, dessen Geschwindigkeit wir finden wollen. Bezeichnen wir dann den Absolutwert der Winkelgeschwindigkeit mit w und den Winkel, den $\mathfrak{r}$ mit der Achse bildet, mit α, so erkennt man sofort, daß der Absolutwert v der Geschwindigkeit von P ist:

$$v = rw \sin \alpha.$$

Die Richtung der Geschwindigkeit $\mathfrak{v}$ ist dadurch bestimmt, daß die Aufeinanderfolge von $\mathfrak{r}$, $\mathfrak{v}$ und von der der Drehung entsprechenden Achsenrichtung einem Rechtssystem entspricht. Fassen wir daher die Winkelgeschwindigkeit als einen Vektor auf, dessen Richtung in jene Achsenrichtung fällt, so erkennt man, daß:

$$\mathfrak{v} = [\mathfrak{w}\mathfrak{r}].$$

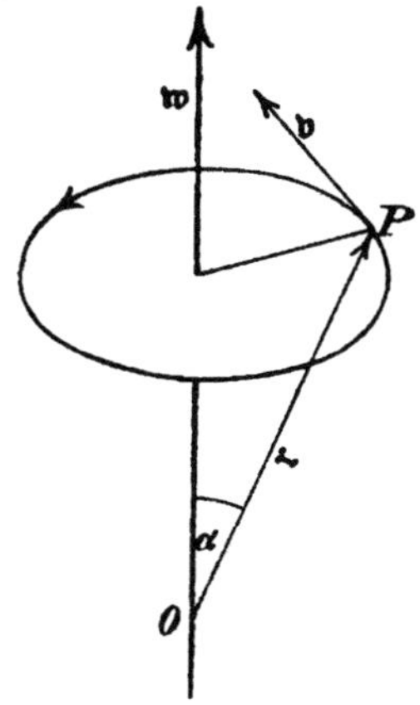

Führt der Körper außerdem eine translatorische Bewegung mit der Geschwindigkeit $\mathfrak{v}_0$ aus, so ist die Bewegung eines Punktes eines starren Körpers in einem gegebenen Zeitpunkt:

(59) $\mathfrak{v} = \mathfrak{v}_0 + [\mathfrak{w}\mathfrak{r}].$

$\mathfrak{w}$ ist für alle Punkte des Körpers konstant. Wie nun früher gezeigt wurde [siehe Gleichung (44)], ist:

$$2\mathfrak{w} = \operatorname{rot} \mathfrak{v};$$

daher ist auch:
(60) $\mathfrak{v} = \mathfrak{v}_0 + \frac{1}{2}[\operatorname{rot} \mathfrak{v}\mathfrak{r}].$

Fig. 9.

IV. Zur Kinematik eines Punktes. Das erste Keplersche Gesetz.

Das erste Keplersche Gesetz sagt bekanntlich aus, daß der von der Sonne nach einem Planeten gezogene Radiusvektor in gleichen Zeiten gleiche Flächen beschreibt.

Dieser Satz gilt allgemein für die Bewegung einer Masse, auf welche eine Zentralkraft wirkt.

Bewegt sich der Radiusvektor $\mathfrak{r}$ in der Zeit dt um die Strecke $d\mathfrak{r}$ weiter, so ist die beschriebene Fläche $d\mathfrak{g}$:

$$d\mathfrak{g} = \frac{1}{2}[\mathfrak{r}\,d\mathfrak{r}],$$

daher:

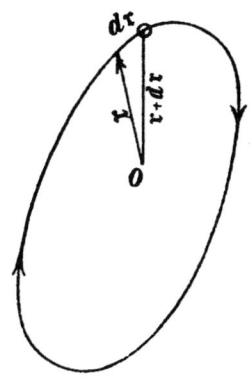

Fig. 10.

$$\frac{d\mathfrak{g}}{dt} = \frac{1}{2}\Big[\mathfrak{r}\,\frac{d\mathfrak{r}}{dt}\Big],$$

folglich:

$$\frac{d}{dt}\frac{d\mathfrak{g}}{dt} = \frac{1}{2}\Big[\frac{d\mathfrak{r}}{dt}\frac{d\mathfrak{r}}{dt}\Big] + \frac{1}{2}\Big[\mathfrak{r}\,\frac{d^2\mathfrak{r}}{dt^2}\Big].$$

Die rechte Seite ist aber null. Denn die Faktoren im ersten Term sind gleich und im zweiten Term haben sie entgegengesetzte Richtung. Daher ist

$$\frac{d}{dt}\frac{d\mathfrak{g}}{dt} = 0$$

$$\frac{d\mathfrak{g}}{dt} = \text{konstant.}$$

Das ist das erste Keplersche Gesetz.

V. Die Bewegung eines Punktes auf einer Kurve.

Ein Punkt bewege sich auf einer beliebigen Kurve. Zur Zeit t befinde er sich in P_1. Im folgenden Zeitelement lege er die Strecke ds zurück und gelange so nach P_2. Zieht man von einem festen Punkte 0 aus einen Radiusvektor nach dem Punkte, so fällt die Richtung der Geschwindigkeit $\mathfrak{v}$ in jedem Zeitpunkte mit der Richtung des Zuwachses von $\mathfrak{r}$ zusammen.

Daher findet man:

$$\mathfrak{v} = \frac{d\mathfrak{r}}{dt}.$$

Die Richtung von $\mathfrak{v}$ ist aber tangential zur Kurve. Bezeichnet man daher einen Einheitsvektor in der Richtung von $\mathfrak{v}$ mit $\mathfrak{c}_1$, so erhält man:

$$\mathfrak{v} = \mathfrak{c}_1\frac{ds}{dt}.$$

$\frac{ds}{dt}$ ist hier also der Absolutwert der Geschwindigkeit.

Für die Beschleunigung findet man:

$$(61) \qquad \mathfrak{G} = \frac{d\mathfrak{c}_1}{dt}\frac{ds}{dt} + \mathfrak{c}_1\frac{d^2s}{dt^2} = \frac{d\mathfrak{c}_1}{ds}\Big(\frac{ds}{dt}\Big)^2 + \mathfrak{c}_1\frac{d^2s}{dt^2}.$$

$\frac{d c_1}{d s}$ läßt sich nun mit dem Krümmungsradius der Kurve im Punkte P_1 in Beziehung bringen. Zieht man von den Punkten P_1 und P_2 die Einheitsvektoren c_1 und $c_1 + d c_1$ in der Richtung von $\mathfrak{v}$ und verbindet die Endpunkte, so entsteht ein gleichschenkliges Dreieck, dessen Winkel an der Basis als rechte Winkel aufgefaßt werden dürfen, weil der Winkel an der Spitze unendlich klein ist. Die Basis ist nun gleich $d c_1$.

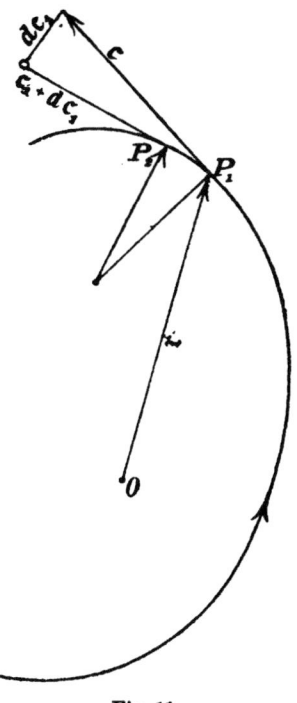

Fig. 11.

Ferner errichten wir in P_1 und P_2 nach der konkaven Seite zu Senkrechte auf c_1 und $c_1 + d c_1$. Diese schneiden sich im Krümmungsmittelpunkte. Das so entstandene Dreieck ist dem Dreieck, gebildet aus $c_1, c_1 + d c_1$ und $d c_1$, ähnlich nach Konstruktion. Daher verhält sich der Absolutwert von $d c_1 : d s$ wie $1 : R$, wenn mit R der Krümmungsradius bezeichnet wird.

Denkt man sich den Krümmungsradius $\mathfrak{R}$ vom Krümmungsmittelpunkt aus nach der Kurve gezogen, so ist offenbar die Richtung dieses Radiusvektors entgegengesetzt derjenigen von $d c_1$. Deshalb kann gesetzt werden:

$$\frac{d c_1}{d s} = - \frac{\mathfrak{R}_1}{R},$$

wo $\mathfrak{R}_1$ einen Einheitsradiusvektor in der Richtung von $\mathfrak{R}$ bedeutet. Daher findet man für die Beschleunigung:

(62) $$\mathfrak{G} = - \frac{\mathfrak{R}_1}{R} \left(\frac{d s}{d t} \right)^2 + c_1 \frac{d^2 s}{d t^2}.$$

§ 8a.

Vektoranalytische Transformationen.

An den Physiker tritt häufig die Aufgabe heran, variable Vektoren, welche als Funktionen gewisser unabhängiger Veränderlichen auftreten, als Funktionen von anderen Veränderlichen auszudrücken. Die Vektoranalyse gestattet nun derartige Transformationen in eleganter Weise zu bewerkstelligen. Wir haben bereits in dem Satze vom Oberflächenintegral eine derartige Transformation kennen gelernt.

Wenden wir uns zunächst der Ableitung des Stokesschen Theorems zu.

Ein Vektor $\mathfrak{B}$ sei im Raume kontinuierlich verteilt. Wie bereits früher gezeigt wurde, läßt sich dann $\mathfrak{B}$ als Funktion eines Radiusvektors darstellen, dessen Ursprung in einem beliebig gewählten Punkt festgelegt ist. Läßt man den Endpunkt dieses Radiusvektors eine Raumkurve tracieren, so bezeichnet man den Ausdruck:

$$\int_{P_0}^{P_1} \mathfrak{B}\,d\mathfrak{r}$$

als das Linienintegral des Vektors $\mathfrak{B}$ über die Kurve. Das Integral ist zwischen den Punkten P_0 und P_1 zu nehmen. Ist die Kurve eine geschlossene, und soll das Integral über die geschlossene Kurve genommen werden, so drückt man ein solches Integral durch das Symbol:

$$\int_{P_0}^{P_0} \mathfrak{B}\,d\mathfrak{r} \quad \text{oder durch} \quad \int_{0} \mathfrak{B}\,d\mathfrak{r}$$

aus. Durch das Stokessche Theorem wird nun ein Linienintegral über eine geschlossene Kurve durch ein Flächenintegral über eine beliebige von der Kurve begrenzte Fläche ausgedrückt.

Bevor wir den eigentlichen Stokesschen Satz beweisen, soll zunächst ein Spezialfall abgeleitet werden.

Man denke sich die abgebildete Kurve durch den Endpunkt von $\mathfrak{r}$ traciert. $d\mathfrak{r}$ ist dann als Streckenelement der Kurve aufzufassen. $\mathfrak{B}$ sei eine lineare Funktion von $\mathfrak{r}$.

Nach Gleichung (52b) ist:

$$(\mathfrak{r}\nabla)\mathfrak{B} = r\,\frac{\partial \mathfrak{B}}{\partial r} = \nabla_\mathfrak{r}(\mathfrak{r}\mathfrak{B}) + [\text{rot}\,\mathfrak{B}\,\mathfrak{r}]$$

wofür auch infolge von (43) gesetzt werden kann:

$$r\frac{\partial \mathfrak{B}}{\partial r} = \nabla\,(\mathfrak{r}\mathfrak{B}) - \mathfrak{B} + [\text{rot}\,\mathfrak{B}\,\mathfrak{r}].$$

Hier ist wohl zu beachten, daß die Werte von $\mathfrak{B}$, $\frac{\partial \mathfrak{B}}{\partial r}$ und rot $\mathfrak{B}$ sich auf den Endpunkt von $\mathfrak{r}$ beziehen.

Multipliziert man beide Seiten der Gleichung mit $d\mathfrak{r}$ und integriert über eine geschlossene Kurve, so ergibt sich:

$$\int_0 r \frac{\partial \mathfrak{B}}{\partial r} d\mathfrak{r} = \int_0 d\mathfrak{r} \nabla (\mathfrak{r}\mathfrak{B}) - \int_0 \mathfrak{B} d\mathfrak{r} + \int_0 d\mathfrak{r} [\text{rot } \mathfrak{B} \mathfrak{r}].$$

Nun ist die linke Seite der Gleichung durch partielle Integration:

$$\int_0 r \frac{\partial \mathfrak{B}}{\partial r} d\mathfrak{r} = \int_0 d\left(\mathfrak{r} r \frac{\partial \mathfrak{B}}{\partial r}\right) - \int_0 \mathfrak{r} d\left(r \frac{\partial \mathfrak{B}}{\partial r}\right)$$

$$= \int_0 d\left(\mathfrak{r} r \frac{\partial \mathfrak{B}}{\partial r}\right) - \int_0 \mathfrak{r}\left(d\mathfrak{B} + r \frac{\partial^2 \mathfrak{B}}{\partial r}\right).$$

Beachten wir, daß unter dem Integralzeichen der ersten Terms ein vollständiges Differential steht und ferner, daß $\frac{\partial^2 \mathfrak{B}}{\partial r}$ verschwindet, weil $\mathfrak{B}$ eine lineare Funktion von $\mathfrak{B}$, so folgt:

$$\int_0 \mathfrak{B} d\mathfrak{r} - \int_0 \mathfrak{r} d\mathfrak{B} = \int_0 d\mathfrak{r} \nabla (\mathfrak{r}\mathfrak{B}) + \int_0 d\mathfrak{r}[\text{rot } \mathfrak{B}\mathfrak{r}].$$

Nun ist:

$$\int_0 d(\mathfrak{B}\mathfrak{r}) = 0$$

und daher:

$$\int_0 \mathfrak{B} d\mathfrak{r} = - \int_0 \mathfrak{r} d\mathfrak{B}.$$

Ferner verschwindet der erste Term der rechten Seite, weil unter dem Integralzeichen ein vollständiges Differential steht. Man erhält daher:

$$2 \int_0 \mathfrak{B} d\mathfrak{r} = \int_0 d\mathfrak{r}[\text{rot } \mathfrak{B}\mathfrak{r}]$$

oder durch zyklische Vertauschung:

$$\int_0 \mathfrak{B} d\mathfrak{r} = \frac{1}{2} \int_0 \text{rot } \mathfrak{B}[\mathfrak{r} d\mathfrak{r}].$$

$\frac{1}{2}[\mathfrak{r} d\mathfrak{r}]$ ist nun die Vektorfläche des Dreiecks, welches $\mathfrak{r}$ und

$d\mathfrak{r}$ zu Seiten hat. Bezeichnet man daher eines dieser Flächenelemente mit $d\mathfrak{g}$, so folgt:

(63)
$$\int_0 \mathfrak{B}\,d\mathfrak{r} = \int \operatorname{rot} \mathfrak{B}\,d\mathfrak{g}.$$

Wie bereits oben erwähnt wurde, bezieht sich den Vor-
aussetzungen der Ableitung gemäß curl $\mathfrak{B}$ auf Punkte der
Randkurve. Bei der Bildung des Integrals

$$\int \operatorname{rot} \mathfrak{B}\,d\mathfrak{g}$$

sind daher die Elemente $d\mathfrak{g}$ der Kegelfläche mit denjenigen
Werten von rot $\mathfrak{B}$ zu multiplizieren, welche auf den zu $d\mathfrak{g}$
gehörigen Streckenelementen $d\mathfrak{r}$ bestehen. Beachtet man aber
ferner, daß gemäß der Ableitung der Ursprung des Radiusvektors beliebig gewählt war, daß also die Integration über
beliebige Kegelflächen erstreckt werden kann, sofern diese
nur durch dieselbe Randkurve begrenzt werden, so erkennt
man, daß das Integral nur dann einen eindeutigen Wert
liefern kann, wenn rot $\mathfrak{B}$ auf der Kurve einen konstanten
Wert besitzt. Die Kurve war aber in dem betrachteten Felde
beliebig gezogen. Daher gelangen wir zu der wichtigen
Schlußfolgerung: **In einem linearen Vektorfelde hat der
curl des Vektors einen konstanten Wert.**

Für ein lineares Feld gilt daher:

(63a)
$$\operatorname{rot} \mathfrak{B} = \text{konst.}$$

Wir wenden uns nunmehr dem allgemeineren Falle zu,
daß $\mathfrak{B}$ eine beliebige stetige Funktion des Ortes sei.

Unterwirft man zunächst in dem Felde des Vektors einen
unendlich kleinen Bezirk der Betrachtung und zieht in diesem
eine in sich zurücklaufende Kurve, so darf man in diesem
Bezirke $\mathfrak{B}$ als lineare Funktion des Ortes auffassen und auch
den curl des Vektors als konstant betrachten. Dann wird in
diesem Bezirk die abgeleitete Beziehung:

$$\int_0 \mathfrak{B}\,d\mathfrak{r} = \int \operatorname{rot} \mathfrak{B}\,d\mathfrak{g}$$

anwendbar sein. Wir gehen nunmehr zur Betrachtung eines
endlichen Bezirks über. In dem Felde des Vektors $\mathfrak{B}$ sei

eine beliebige geschlossene Kurve gezogen, welche als Rand-
kurve eine beliebige Fläche begrenze. Wir denken uns diese
Fläche durch zwei Scharen von Linien in eine unendlich große
Anzahl von Parallelogrammen geteilt und fassen dann diese
Flächenelemente als in demselben Sinne traciert auf. Es gilt für
jedes Flächenelement:

$$\int_0^c \mathfrak{B}\,d\mathfrak{r} = \mathrm{rot}\,\mathfrak{B}\,d\mathfrak{g},$$

wo $d\mathfrak{g}$ nunmehr die Fläche des Parallelogramms repräsentiert
und nicht mehr ein Element einer unendlich kleinen Fläche, wie in
der vorhergehenden Gleichung. Summiert man alsdann alle Werte
von $\mathrm{rot}\,\mathfrak{B}\,d\mathfrak{g}$, welche von sämtlichen unendlich kleinen Parallelogrammen geliefert werden, so kann diese Summierung dargestellt
werden durch:

$$\int \mathrm{rot}\,\mathfrak{B}\,d\mathfrak{g}.$$

Dieser Ausdruck muß nun gleich sein der Summe aller Linienintegrale über die Randkurven der unendlich kleinen Parallelogramme. Ziehen wir alle Ausdrücke:

$$\mathfrak{B}\,d\mathfrak{r}$$

zusammen, wo $d\mathfrak{r}$ die Seite eines unendlich kleinen Parallelo-

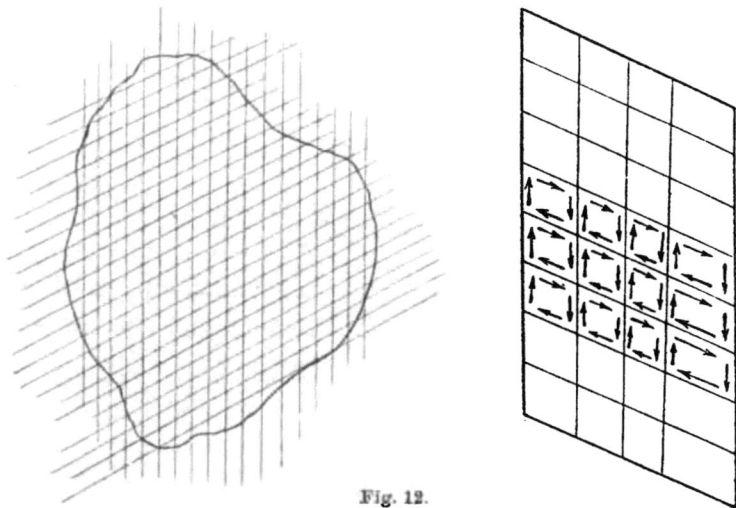

Fig. 12.

gramms bedeutet, so finden wir, daß bis auf die von der Randkurve
herrührenden Glieder jedes $\mathfrak{B}\,d\mathfrak{r}$ zweimal vorkommt und zwar das
eine Mal mit positivem, das andere Mal mit negativem Vorzeichen.

Die beistehenden Figuren werden die Erkenntnis dieser Tatsache erleichtern. Verstehen wir daher nunmehr unter $d\mathfrak{r}$ ein Element der endlichen Randkurve, so kann die Summe der Linienintegrale von $\mathfrak{B}$ über die Begrenzung der kleinen Parallelogramme ausgedrückt werden durch:

$$\int_0 \mathfrak{B} d\mathfrak{r},$$

und es ist:

(64) $$\int_0 \mathfrak{B} d\mathfrak{r} = \int \operatorname{rot} \mathfrak{B} d\mathfrak{g}.$$

Der Beweis des Stokesschen Satzes kann in einfacherer Weise geführt werden unter Benutzung von Gleichung
$$\mathfrak{B} = \frac{1}{2}\mathfrak{B}_0 + \frac{1}{2}\nabla(\mathfrak{B}\mathfrak{r}) + \frac{1}{2}[\operatorname{rot}\mathfrak{B}\mathfrak{r}].$$

Der Wert von $\mathfrak{B}$ in dieser Gleichung bezieht sich auf einen sehr kleinen Bezirk, welcher den Anfangspunkt des unendlich kleinen Radiusvektors $\mathfrak{r}$ einschließt.

Multipliziert man die Gleichung mit $d\mathfrak{r}$ und integriert dann über die geschlossene Kurve, welche in dem betreffenden kleinen Bezirk verläuft, so erhält man:

(65) $$\int_0 \mathfrak{B} d\mathfrak{r} = \frac{1}{2}\int_0 (\mathfrak{B}_0 + \nabla(\mathfrak{B}\mathfrak{r}) + [\operatorname{rot}\mathfrak{B}\mathfrak{r}])\, d\mathfrak{r}.$$

Nun ist offenbar:
$$\int_0 \mathfrak{B}_0 d\mathfrak{r} = \int_0 d(\mathfrak{B}_0\mathfrak{r}) - \int_0 \mathfrak{r} d\mathfrak{B}_0 = 0,$$

weil $\mathfrak{B}_0$ eine Konstante und $d(\mathfrak{B}_0\mathfrak{r})$ ein vollständiges Differential ist. Wendet man zur weiteren Untersuchung der in (65) vorkommenden Integrale analoge Überlegungen an wie oben, so findet man für das Linienintegral der Randkurve des Flächenelementes:

$$\int_0 \mathfrak{B} d\mathfrak{r} = \int \operatorname{rot} \mathfrak{B} d\mathfrak{g}.$$

Um ferner zu endlichen Dimensionen überzugehen, verfährt man genau in derselben Weise wie bei der vorhergehenden Ableitung.

§ 9.

Das Potential.

An den Stokesschen Satz lassen sich wichtige theoretische Betrachtungen anschließen.

Aus der Ableitung geht zunächst hervor, daß die Fläche, welche von der Kurve begrenzt wird, beliebig gestaltet sein kann. Denkt man sich nun eine geschlossene Fläche, durch eine in sich zurücklaufende Linie, in zwei Teile geteilt, so kann diese Linie als Randkurve zu beiden Flächenteilen aufgefaßt werden. Dann gilt sie aber für die eine Hälfte als im entgegengesetzten Sinne traciert wie für die andere, da wir ja den Umlaufssinn einer geschlossenen Kurve immer so wählen, daß die von derselben begrenzte Fläche — als Teil einer geschlossenen Fläche aufgefaßt — stets einen nach außen weisenden Vektor zugeordnet erhält. Dem Vektorfluß der rot $\mathfrak{B}$ durch die eine Hälfte entspricht daher ein gleicher Vektorfluß mit entgegengesetztem Vorzeichen durch die andere Hälfte; d. h. der Vektorfluß der rot $\mathfrak{B}$ durch die geschlossene Fläche ist null:

$$(66) \qquad \int_0 \mathrm{rot}\, \mathfrak{B}\, d\mathfrak{g} = 0.$$

Der Index am Integralzeichen bedeutet hier, daß die Integration über die geschlossene Fläche auszuführen ist.

Daß der Vektorfluß einer Rotation eines Vektors null ist, konnte auch bereits aus dem Gaußschen Satze gefolgert werden. Es ist nämlich Gleichung (24):

$$\int_0 \mathrm{rot}\, \mathfrak{B}\, d\mathfrak{g} = \int \mathrm{div}\, \mathrm{rot}\, \mathfrak{B}\; dv.$$

Aber nach Gleichung (38)

$$\mathrm{div}\, \mathrm{rot}\, \mathfrak{B} = 0.$$

Gleichung (66) besagt, daß der Fluß eines Vektors durch eine geschlossene Fläche verschwindet, wenn dieser Vektor als Rotation eines anderen Vektors darstellbar ist.

Aus dem Stokesschen Satze können wir ferner die wichtige Schlußfolgerung ziehen, daß das Linienintegral

über eine geschlossene Kurve null ist, wenn die
Rotation des betreffenden Vektors null ist.

Das führt uns zu einer Betrachtung der Arbeitsleistung
von zwei verschiedenen Klassen von Kräften. Ganz allgemein
ist die elementare Arbeit, welche eine Kraft leistet, wenn ihr
Angriffspunkt eine unendlich kleine Wegstrecke zurücklegt,
gleich dem Produkt aus Kraft und Wegstrecke, multipliziert
mit dem Kosinus des von den Richtungen beider eingeschlossenen
Winkels.

Legt daher der Angriffspunkt der Kraft $\mathfrak{B}$ auf einer bestimmten Kurve den Weg von P_1 nach P_2 zurück, so ist die
Arbeit:

$$\int_{P_1}^{P_2} \mathfrak{B}\, d\mathfrak{r}.$$

Wir können nun die Frage stellen, ob und in welcher
Weise dieses Integral von der Gestalt der Kurve abhängig ist.

Ist eine Abhängigkeit vorhanden, so zeigt eine einfache
Überlegung, daß dann der Wert des Linienintegrals über eine
geschlossene Kurve einen positiven oder negativen Wert hat,
d. h. nicht null sein kann. Denn nehmen wir an, es ständen
zwei Wege von P_1 nach P_2 zur Verfügung, von denen der
eine über den Punkt D und der andere über N führt, so
können wir den Angriffspunkt der
Kraft eine geschlossene Kurve beschreiben lassen, indem wir ihn
von P_1 nach D und von da nach
P_2 gehen lassen. Von P_2 gehe er
nach N und kehre von da nach P_1
zurück.

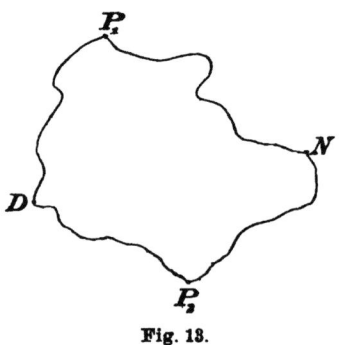

Fig. 18.

Der Punkt hat eine geschlossene
Kurve beschrieben. Da hierbei die
Kraft, indem sich ihr Angriffspunkt
von P_1 über D nach P_2 bewegt, eine andere Arbeit leistet
als auf dem Wege von P_2 über N nach P_1, so ist:

$$\int\limits_{0} \mathfrak{B}\,d\mathfrak{r} = \int\limits_{P_1}^{P_2} \mathfrak{B}\,d\mathfrak{r} + \int\limits_{P_2}^{P_1} \mathfrak{B}\,d\mathfrak{r} \gtrless 0,$$

oder bei expliziter Angabe des Weges:

$$\int\limits_{0} \mathfrak{B}\,d\mathfrak{r} = \int\limits_{P_1}^{D} \mathfrak{B}\,d\mathfrak{r} + \int\limits_{D}^{P_2} \mathfrak{B}\,d\mathfrak{r} + \int\limits_{P_2}^{N} \mathfrak{B}\,d\mathfrak{r} + \int\limits_{N}^{P_1} \mathfrak{B}\,d\mathfrak{r} \gtrless 0.$$

An Stelle der Kraft $\mathfrak{B}$ kann offenbar ein beliebiger im Raume verteilter Vektor treten, und wir dürfen auf Grund des Satzes von Stokes schließen, daß das Linienintegral eines Vektors, genommen zwischen zwei Punkten des Raumes, von der Gestalt der Kurve abhängig ist, wenn die Rotation dieses Vektors einen von null verschiedenen Wert hat.

Die Tatsache, daß das Integral von $\mathfrak{B}\,d\mathfrak{r}$, genommen zwischen zwei identischen Werten, nicht null ist, wird mathematisch dadurch ausgedrückt, daß man sagt, der Skalar $\mathfrak{B}\,d\mathfrak{r}$ ist kein vollkommenes Differential.

Wie wir früher gesehen haben, läßt sich das vollständige Differential eines im Raume stetig verteilten Skalars V ausdrücken durch

$$dV = (\nabla V)\,d\mathfrak{r}.$$

Setzen wir daher:

$$\mathfrak{B} = \nabla V,$$

oder auch, wie dies z. B. für eine abstoßende Kraft zutrifft, welche in der Richtung des abnehmenden Potentials wirkt:

$$\mathfrak{B} = -\nabla V,$$

so verschwindet das Linienintegral von $\mathfrak{B}$ über eine geschlossene Kurve:

(67) $$\int\limits_{0} (\nabla V)\,d\mathfrak{r} = 0.$$

V wird das Potential von $\mathfrak{B}$ genannt. Kräfte, welche von einem Potential ableitbar sind, werden als konservative Kräfte bezeichnet. Daß die Rotation von ∇V null ist, war auch bereits durch Gleichung (44) ausgesprochen. Ferner sei nochmals darauf hingewiesen, daß die Kraft $\mathfrak{B}$ senkrecht steht auf den Flächen, auf welchen V einen konstanten Wert hat. Vgl. die an Gleichung (26) anknüpfenden Bemerkungen.

Zu den bekanntesten konservativen Kräften gehören die Schwerkraft und die in einem elektrostatischen Felde wirkende Kraft.

Betrachten wir das Feld eines Elektrons oder allgemeiner einer Ladung, welche in einem sehr kleinen Volumen konzentriert gedacht werden kann. Die Erfahrung lehrt, daß die Kraft, welche von einer solchen Ladung herrührt, ausgedrückt wird durch:*

$$(68) \qquad \mathfrak{E} = \frac{q\mathfrak{r}_1}{r^2},$$

wenn q die freie Elektrizitätsmenge bedeutet. Denkt man sich eine Kugelfläche um die Ladung als Mittelpunkt konstruiert, so ist der Vektorfluß, welcher die Oberfläche dieser Kugel durchsetzt:

$$(69) \qquad \int \mathfrak{E}\, d\mathfrak{g} = \int \frac{q\mathfrak{r}_1}{r^2}\, d\mathfrak{g}.$$

Nun sind $\mathfrak{r}_1$ und $d\mathfrak{g}$ gleichgerichtet. An Stelle von

$$\mathfrak{r}_1\, d\mathfrak{g}$$

kann daher der Absolutwert eines Elementes der Kugelfläche treten. Erwägt man ferner, daß zu jedem $d\mathfrak{g}$ derselbe Wert von $\frac{1}{r^2}$ gehört, so erkennt man, daß die Integration des Ausdrucks liefert:

$$(70) \qquad \int \mathfrak{E}\, d\mathfrak{g} = \frac{q}{r^2} \cdot 4\pi r^2 = 4\pi q.$$

Wie schon bei Besprechung des Gaußschen Satzes bemerkt wurde, kann an Stelle der Kugelfläche eine beliebige Fläche treten, welche q umgibt.

Man erkennt hieraus, daß der Vektorfluß konservativer Kräfte in isotropen Medien durch das 4π-fache der von der Fläche eingeschlossenen Masse ausgedrückt werden kann.

Schließt die Fläche mehrere Ladungen q_1, q_2, q_3 etc. ein, so sind die von diesen herrührenden Vektorflüsse zu addieren,

---

* Hier sind die an die Fernwirkungstheorie anschließenden Einheiten verwandt. Die neueren Einheiten sind weiter unten definiert.

indem ja die Gesamtkraft durch geometrische Addition der Einzelkräfte erhalten wird:

$$(71) \qquad \int \mathfrak{E}\, d\mathfrak{g} = \int (\mathfrak{E}_1 + \mathfrak{E}_2 + \mathfrak{E}_3 \cdots + \mathfrak{E}_n)\, d\mathfrak{g}.$$

Nach dem Gaußschen Satze kann an Stelle des Oberflächenintegrals ein Raumintegral treten:

$$\int \mathfrak{E}\, d\mathfrak{g} = \int \operatorname{div} \mathfrak{E}\, d\tau,$$

daher

$$(72) \qquad \int \operatorname{div} \mathfrak{E}\, d\tau = 4\pi q.$$

Machen wir ferner die Annahme, daß in dem betreffenden Raume die freie Elektrizität eine kontinuierliche räumliche Verteilung habe, und daß ihre Dichte ϱ sei, so ist:

$$(73) \qquad q = \int \varrho\, d\tau.$$

Und es gilt die Gleichung:

$$(74) \qquad \int \operatorname{div} \mathfrak{E}\, d\tau = \int 4\pi \varrho\, d\tau.$$

Besteht daher in einem Punkte des Raumes die Dichte der freien Elektrizität ϱ, so ist:

$$(75) \qquad \operatorname{div} \mathfrak{E} = 4\pi \varrho.$$

$\mathfrak{E}$ ist nun von einem Potential ableitbar:

$$\mathfrak{E} = -\nabla V,$$

daher

$$(76) \qquad -\nabla^2 V = 4\pi \varrho$$

und für Raumteile, welche frei von Ladungen sind:

$$(77) \qquad \nabla^2 V = 0.$$

Dies ist die Laplacesche Gleichung.

Der Inhalt dieser Gleichung wird auch oft in der Weise ausgedrückt, daß man sagt, die elektrostatische Kraft erfülle in isotropen Medien die solenoidale Bedingung. Der Vektorfluß findet nämlich in ununterbrochenen, unverzweigten Linien statt.

Aus der Gleichung für eine konservative Kraft läßt sich das zu der Kraft gehörige Potential in folgender Weise ableiten. Man multipliziert die Gleichung:

$$(78) \qquad \mathfrak{E} = -\nabla V = \int \mathfrak{r}_1 \frac{\varrho\, d\tau}{r^2}$$

mit $d\mathfrak{r}$, d. h. mit $\mathfrak{r}_1 dr$, und erhält:

$$-(\nabla V)\, d\mathfrak{r} = \int d\mathfrak{r} \frac{\mathfrak{r}_1}{r^2} \varrho\, d\tau,$$

$$-dV = \int \frac{dr}{r^2} \varrho\, d\tau,$$

$$(79) \qquad V = \int \frac{\varrho\, d\tau}{r} = \int -\frac{\nabla^2 V}{4\pi r}\, d\tau = \int \frac{\operatorname{div}\mathfrak{E}\, d\tau}{4\pi r}.$$

Das Vektorpotential.

Außer dem skalaren Potential kennt die theoretische Physik ein vektorielles Potential, welches definiert ist durch:

$$\mathfrak{B} = \int \frac{\mathfrak{a}\, d\tau}{r}.$$

Zur Bildung dieses Integrals sind von einem festen Punkte aus die Radienvektoren nach allen Volumelementen zu ziehen, wo $\mathfrak{a}$ besteht; für diese Elemente sind alsdann die Ausdrücke:

$$\frac{\mathfrak{a}\, d\tau}{r}$$

zu bilden. Die geometrische Summierung dieser Ausdrücke liefert den Wert von $\mathfrak{B}$ für den betreffenden festen Punkt.

Von Wichtigkeit ist die Divergenz und die Rotation eines Vektorpotentials:

$$(79\,\mathrm{a}) \qquad \operatorname{div}\mathfrak{B} = \int \nabla\cdot\left(\frac{\mathfrak{a}}{r}\right) d\tau = \int \frac{1}{r}\nabla\mathfrak{a}\, d\tau - \int \frac{\mathfrak{r}_1 \mathfrak{a}}{r^2}\, d\tau,$$

$$\operatorname{rot}\mathfrak{B} = \int \left[\nabla\left(\frac{\mathfrak{a}}{r}\right)\right] d\tau,$$

und da

$$\left[\nabla\left(\frac{\mathfrak{a}}{r}\right)\right] = \frac{1}{r}\left[\nabla\mathfrak{a}\right] + \left[\left(\nabla\frac{1}{r}\right)\mathfrak{a}\right],$$

so folgt:

(79b) $$\operatorname{rot}\mathfrak{B} = \int\frac{1}{r}\operatorname{rot}\mathfrak{a}\,d\tau + \int\left[\frac{\mathfrak{a}\,r_1}{r^2}\right]d\tau.$$

Aus der Analogie der Gleichungen:

$$V = \int\frac{\varrho\,d\tau}{r},$$

wo

$$\varrho = -\frac{\nabla^2 V}{4\pi} \quad\text{und}\quad \mathfrak{B} = \int\frac{\mathfrak{a}\,d\tau}{r},$$

dürfen wir sofort schließen, daß die Gleichung für $\mathfrak{B}$ sich auch schreiben läßt:

(80) $$\mathfrak{B} = -\int\frac{\nabla^2\mathfrak{B}}{4\pi r}\,d\tau.$$

In engem Zusammenhange mit der Lösung für $\nabla^2\mathfrak{B}$ steht die Lösung der Differentialgleichung:

$$\operatorname{rot}\mathfrak{B} = \mathfrak{m}.$$

Man schreibt zunächst unter Einführung der Hilfsgröße $\mathfrak{A}$:

$$\mathfrak{B} = \operatorname{rot}\mathfrak{A}.$$

Dann ist:

$$\operatorname{rot}\mathfrak{B} = \operatorname{rot}^2\mathfrak{A} = -\nabla^2\mathfrak{A},$$

indem wir

$$\nabla\operatorname{div}\mathfrak{A} = 0$$

gesetzt haben, wodurch die Allgemeinheit der Lösung eingeschränkt wird.

Die Lösung für $\nabla^2\mathfrak{A}$ ist aber gemäß Gleichung (80)

(81) $$\mathfrak{A} = -\int\frac{\nabla^2\mathfrak{A}}{4\pi r}\,d\tau,$$

oder

(82) $$\mathfrak{A} = \int\frac{\mathfrak{m}}{4\pi r}\,d\tau.$$

Hiermit ist die Aufgabe gelöst, denn um $\mathfrak{B}$ zu finden, brauchen wir nur die Rotation dieser Gleichung zu nehmen. Von besonderem Interesse ist die Lösung für den Fall, daß nur ein einziger Wirbelfaden im Felde vorhanden ist. In der Elektrodynamik entspricht dies dem Falle, wo ein elektrischer Strom c in einem sehr dünnen geschlossenen Leiter fließt.

Nach der **Maxwell**schen Theorie ist, wenn die von dem Strome c herrührende magnetische Kraft mit $\mathfrak{H}$ bezeichnet wird:

$$\operatorname{rot} \mathfrak{H} = \frac{c}{v}.$$

Die Aufgabe, die wir uns stellen, besteht nun darin, das magnetische Feld $\mathfrak{H}$ zu finden, welches zur $\operatorname{rot} \mathfrak{H}$ gehört. Nun liegt der **Maxwell**schen Gleichung die Auffassung zugrunde, daß der Strom eine gewisse Raumdichte c besitze, d. h., daß ein Strom c durch jede Flächeneinheit des senkrecht zur Stromrichtung gestellten Querschnitts fließe, während in dem gewählten Beispiele der Gesamtstrom c durch einen sehr dünnen Leiter fließt. Es ist aber leicht zu erkennen, daß die Wirkung des Stromes nach außen dieselbe ist, als ob das magnetische Feld von einem Stromfaden herrührte, welcher eine Liniendichte c besäße. Bezeichnen wir ein Element der Leitlinie, welche im Sinne der Stromrichtung traciert sei, mit $d\mathfrak{r}$ und führen wir wieder die Hilfsgröße $\mathfrak{A}$ ein:

$$\mathfrak{H} = \operatorname{rot} \mathfrak{A},$$

so geht Gleichung (82) über in:

$$\mathfrak{A} = \int \frac{c\,d\mathfrak{r}}{r}.$$

r ist die Länge des Radiusvektors $\mathfrak{r}$, welcher von dem Punkte P aus, auf welchen sich $\mathfrak{A}$ bezieht, die Leitlinie des Stromfadens traciert hat.

Es folgt für $\mathfrak{H}$ in einem beliebigen Punkte P:

$$\mathfrak{H} = \operatorname{rot} \int c \, \frac{d\mathfrak{r}}{r}.$$

Die Variation kann sich naturgemäß nur auf $\frac{1}{r}$ beziehen, indem ja c und $d\mathfrak{r}$ durch Stromstärke und Form des Leiters unveränderlich bestimmt sind; d. h. die Variation bezieht sich auf den Ort von P bzw. den Anfangspunkt von $\mathfrak{r}$.

Man findet daher:

$$\mathfrak{H} = c \int \left[\left(\nabla \frac{1}{r} \right) d\mathfrak{r} \right],$$

oder

(83)
$$\mathfrak{H} = c \int \left[\frac{\mathfrak{r}\, d\mathfrak{r}}{r^3} \right].$$

Beachtet man nun, daß $\mathfrak{r}$ bei der Tracierung der Leitlinie des Stromkreises einen Kegelmantel beschreibt, dessen Flächenelement:

$$d\mathfrak{g} = \frac{1}{2} \left[\mathfrak{r}\, d\mathfrak{r} \right]$$

ist, so kann man weiter für $\mathfrak{H}$ schreiben:

(84)
$$\mathfrak{H} = 2c \int \frac{d\mathfrak{g}}{r^3}.$$

Der Ort von $d\mathfrak{g}$ ist natürlich der Punkt P, auf den sich $\mathfrak{H}$ bezieht.

Diese Formel liefert den Wert von $\mathfrak{H}$ für jeden Punkt eines magnetischen Feldes, welches von einem Strome herrührt. Sie drückt das Biot-Savartsche Gesetz aus. Es ist von Wichtigkeit, auf das Vorzeichen von $\mathfrak{H}$ hinzuweisen. Im allgemeinen zeigt der einer Fläche zugeordnete Vektor nach außen und dementsprechend denken wir uns die Flächenelemente traciert. Da aber die Tracierung der Kegelflächenelemente im vorliegenden Falle ganz unabhängig durch die Stromrichtung bestimmt ist — $d\mathfrak{r}$ fällt in die Stromrichtung —, so hängt das Vorzeichen von $d\mathfrak{g}$ jedesmal von der Stromrichtung ab. Die Aufeinanderfolge von $\mathfrak{r}$, $d\mathfrak{r}$ und $\mathfrak{H}$ muß einem Rechtssystem entsprechen. Um daher konsequent zu bleiben, darf der Kegelmantel nicht als Teil einer geschlossenen Fläche aufgefaßt werden.

§ 10.
Zerlegung eines Vektors in einen solenoidalen und einen wirbelfreien Anteil.

Bei der Untersuchung von Vektorfeldern ist es zuweilen erforderlich, den betreffenden Vektor in einen solenoidalen und einen wirbelfreien Anteil zu zerlegen. Nach Stokes verfährt man bei dieser Zerlegung folgendermaßen. Ist $\mathfrak{B}$ die solenoidale und $\mathfrak{C}$ die wirbelfreie Komponente von $\mathfrak{A}$, so bestehen die Gleichungen:

$$\mathfrak{A} = \mathfrak{B} + \mathfrak{C},$$
$$\operatorname{div} \mathfrak{B} = 0,$$
$$\operatorname{rot} \mathfrak{C} = 0.$$

Wir führen nun Hilfsgrößen ein, welche diesen Bedingungen genügen müssen.

$$\mathfrak{C} = -\nabla V,$$
$$\mathfrak{B} = \operatorname{rot} \mathfrak{F}.$$

Dadurch wird:

$$\mathfrak{A} = \operatorname{rot} \mathfrak{F} - \nabla V.$$

Folglich

$$\nabla \mathfrak{A} = -\nabla^2 V.$$

Hieraus ergibt sich der Wert von ∇V. Es ist nämlich, wie wir gesehen haben,

$$-\nabla V = \int \frac{\mathfrak{r}_1 \varrho \, d\tau}{r^2},$$

wo

$$4\pi\varrho = -\nabla^2 V = \nabla\mathfrak{A}.$$

Daher auch

$$\mathfrak{C} = -\nabla V = \int \frac{\mathfrak{r}_1 \operatorname{div} \mathfrak{A}}{4\pi r^2} \, d\tau.$$

Nimmt man die Rotation von $\mathfrak{A}$, so findet man

$$\operatorname{rot} \mathfrak{A} = \operatorname{rot} \mathfrak{B} = \operatorname{rot}^2 \mathfrak{F}.$$

Da nun:

$$\operatorname{rot}^2 \mathfrak{F} = \nabla \operatorname{div} \mathfrak{F} - \nabla^2 \mathfrak{F},$$

so folgt, wenn wir $\nabla\mathfrak{F}$ gleich null setzen,

$$\operatorname{rot}^2 \mathfrak{F} = -\nabla^2 \mathfrak{F}.$$

Und es wird, wie gezeigt wurde,

$$\mathfrak{F} = \frac{1}{4\pi} \int \frac{\mathrm{rot}\ \mathfrak{A}}{r}\, d\tau.$$

Und:

(85) $$\mathfrak{A} = \frac{1}{4\pi}\ \mathrm{rot} \int \frac{\mathrm{rot}\ \mathfrak{A}}{r}\, d\tau + \int \frac{\mathfrak{r}_1\ \mathrm{div}\ \mathfrak{A}}{4\pi r^2}\, d\tau.$$

§ 11.
Umwandlung von Differentialquotienten nach der Zeit in solche nach dem Ort.

I. Translation von Vektorfeldern.

Eine wichtige, besonders in der Elektrizitätslehre häufig vorkommende Transformation ist die eines Differentialquotienten nach der Zeit in einen solchen nach dem Ort. Die Möglichkeit einer derartigen Umwandlung ist dann vorhanden, wenn die Gesetzmäßigkeiten bekannt sind, durch welche die zeitlichen Änderungen eines Vektors an die Bewegungen des Vektorfeldes geknüpft sind. Diese Bewegungen können verschiedener Art sein. Das Feld kann sich translatorisch wie ein starrer Körper bewegen, es kann wie ein solcher rotieren, es kann deformiert werden und schließlich können Bewegungen vorhanden sein, welche als Kombinationen der erwähnten aufzufassen sind.

Wir betrachten zunächst Felder, welche sich wie starre Körper bewegen. Die Translation eines Vektorfeldes ist von besonderer Wichtigkeit.

Betrachten wir folgenden konkreten Fall: Eine geladene Kugel sei gegen ein ruhendes Koordinatensystem orientiert. Es läßt sich dann die elektrische Erregung $\mathfrak{D}$ in jedem Punkte als Funktion der Koordinaten angeben. — Bewegt sich die Kugel gleichförmig und geradlinig, so wird sich $\mathfrak{D}$ zeitlich ändern. Die zeitliche Änderung von $\mathfrak{D}$ in einem Punkte des betrachteten Raumes steht nun in gesetzmäßigem Zusammenhange mit der magnetischen Kraft, welche durch die Bewegung erzeugt wird. Bevor wir die Differentialgleichung anschreiben, welche diesen Zusammenhang ausdrückt, wollen wir kurz die elektromagnetischen Größen, welche eine Rolle spielen, definieren.

Bei diesen Definitionen stellen wir uns auf den Standpunkt der Theorien der Feldwirkungen. Die Einheit der Feldstärke $\mathfrak{E}$ besteht in einem Punkte eines elektrischen Feldes, wenn auf eine an diesen Punkt gebrachte Einheitsladung die Kraft eins wirkt. Die Einheit der Elektrizitätsmenge ist diejenige, welche einer gleichen im luftleeren Raume gegenüberstehen muß, um auf sie eine abstoßende Kraft von $\frac{1}{4\pi}$ auszuüben.

Diese Definition weicht von der in der Fernwirkungstheorie üblichen, sich an die Coulombschen Versuche anschließenden, ab. Man erzielt aber den großen Vorteil, daß die Feldgleichungen von den 4π befreit werden. In ursächlichem Zusammenhange mit der Feldstärke steht die elektrische Erregung $\mathfrak{D}$. Im Äther ist: $\mathfrak{E} = \mathfrak{D}$.

Die elektrische Ladung bezeichnen wir mit e, die elektrische Raumdichte mit ϱ, die elektrische Flächendichte mit σ.

Die magnetische Feldstärke $\mathfrak{H}$ ist diejenige Kraft, welche auf einen fingierten positiven, magnetischen Einheitspol ausgeübt wird.

Den elektrischen Strom bezeichnen wir mit $\mathfrak{c}$, die elektrische Energie mit W_e, die magnetische mit W_m. Die Lichtgeschwindigkeit ist v, sonstige Geschwindigkeiten $\mathfrak{u}$.

Es bestehen die Gleichungen, welche man als Maxwell-Lorentzsche bezeichnen kann:

$$(1) \qquad \operatorname{div} \mathfrak{D} = 0 \text{ im freien Äther,}$$

$$(1a) \qquad \operatorname{div} \mathfrak{D} = \varrho, \text{ wo die Elektrizität räumlich verteilt,}$$

$$(2) \qquad \frac{d\varrho}{dt} + \operatorname{div}(\varrho\mathfrak{u}) = 0,$$

$$(3) \qquad \operatorname{rot} \mathfrak{H} = \frac{1}{v}\mathfrak{c} = \frac{1}{v}\left(\frac{d\mathfrak{D}}{dt} + \varrho\mathfrak{u}\right),$$

$$(4) \qquad \operatorname{rot} \mathfrak{D} = -\frac{1}{v}\frac{d\mathfrak{H}}{dt},$$

$$(5) \qquad \operatorname{div} \mathfrak{H} = 0.$$

Wie erwähnt ändern sich bei der geradlinigen Bewegung einer Ladung in einem Punkte des als ruhend angenommenen Äthers zeitlich $\mathfrak{D}$ und $\mathfrak{H}$. Wenn der stationäre Zustand eingetreten ist, so wird das die Ladung umgebende elektromagnetische Feld sich wie ein starrer Körper bewegen. Wir wollen annehmen, die Geschwindigkeit $\mathfrak{u}$ der Bewegung habe die Richtung $\mathfrak{i}$ und diese falle mit der Richtung der zunehmenden x zusammen. Es ist dann:

$$\frac{d\mathfrak{D}}{dt} = -\frac{\partial\mathfrak{D}}{\partial x}\frac{dx}{dt}.$$

Um die Berechtigung des Minuszeichens zu erkennen, beachten wir, daß in einem gegebenen Punkte $\mathfrak{D}$ sich in dem Zeitintervall dt dadurch ändert, daß an seine Stelle ein Wert tritt, welcher in dem betreffenden Zeitpunkte an einer um udt zurückliegenden Stelle, d. h. in Richtung der abnehmenden x bestand.

Erinnern wir uns nun, daß der Ausdruck:

$$dx(\mathfrak{u}_1\nabla)\mathfrak{D}$$

die Änderung von $\mathfrak{D}$ bedeutet, wenn wir in der Richtung von $\mathfrak{u}$ um die kleine Strecke dx weitergehen, so können wir schreiben:

$$\frac{d\mathfrak{D}}{dt} = -\frac{dx}{dt}(\mathfrak{u}_1\nabla)\mathfrak{D} = -(\mathfrak{u}\nabla)\mathfrak{D}.$$

Für einen beliebigen ins Auge gefaßten Punkt des ruhenden Äthers wird sich $\mathfrak{D}$ zeitlich ändern. Wir wollen die an Stelle der zeitlichen Änderung tretende räumliche Änderung auf ein an der Bewegung teilnehmendes Bezugssystem beziehen. Gemäß Gleichung (3) können wir nun schreiben:

$$(85\,\mathrm{a}) \qquad \operatorname{rot}\mathfrak{H} = \frac{1}{v}\left(-(\mathfrak{u}\nabla)\mathfrak{D} + \varrho\,\mathfrak{u}\right).$$

Dadurch, daß das erzeugte magnetische Feld an der Bewegung teilnimmt, ändert sich im Äther die magnetische Feldstärke, und gemäß der Grundgleichung (4) ist:

$$\operatorname{rot}\mathfrak{D} = -\frac{1}{v}\frac{d\mathfrak{H}}{dt}.$$

Für $\dfrac{d\mathfrak{H}}{dt}$ können wir wieder einen räumlichen Koeffizienten setzen, nämlich

$$(86) \qquad \operatorname{rot} \mathfrak{D} = \frac{1}{v}\,(\mathfrak{u}\nabla)\mathfrak{H}.$$

Zur Umgestaltung der Gleichungen (85) und (86) wenden wir die Formel an:

$$- (\mathfrak{A}\nabla)\mathfrak{B} = \operatorname{rot}[\mathfrak{A}\mathfrak{B}] - (\mathfrak{B}\nabla)\mathfrak{A} - \mathfrak{A}\operatorname{div}\mathfrak{B} + \mathfrak{B}\operatorname{div}\mathfrak{A}$$

und erhalten für Gleichung (85), wenn wir beachten, daß $\mathfrak{u}$ konstant und daß:

$$\mathfrak{u}(\nabla\mathfrak{D}) = \mathfrak{u}\varrho,$$

$$(87) \qquad \operatorname{rot}\mathfrak{H} = \frac{1}{v}\Big(\operatorname{rot}[\mathfrak{u}\mathfrak{D}]\Big).$$

Für Gleichung (86) erhalten wir unter Beachtung von

$$\nabla\mathfrak{H} = 0$$

$$(88) \qquad \operatorname{rot}\mathfrak{D} = \frac{1}{v}\operatorname{rot}[\mathfrak{H}\mathfrak{u}].$$

Man integriert Gleichungen (87) und (88), indem man setzt:

$$(89) \qquad \mathfrak{H} = \frac{1}{v}\,[\mathfrak{u}\mathfrak{D}] - \nabla\varphi,$$

$$(90) \qquad \mathfrak{D} = \frac{1}{v}\,[\mathfrak{H}\mathfrak{u}] - \nabla V.$$

$\nabla\varphi$ und ∇V sind Integrationskonstanten, deren Rotationen, wie wir gesehen haben, als solche von Gradienten eines Skalars verschwinden. Wir setzen bei einer geradlinigen gleichförmigen Bewegung

$$\nabla\varphi = 0$$

und begründen dies auf folgende Weise. Wir wissen, daß die magnetische Kraft, welche von einem geradlinigen, stromdurchflossenen Leiter herrührt, auf der Stromrichtung senkrecht steht und folgern, daß dies auch bei dem Konvektionsstrom, welchen die betrachtete bewegte Ladung darstellt, der Fall ist, d. h. $\mathfrak{u} \perp \mathfrak{H}$. Führt man nun ein, daß $\nabla\mathfrak{H} = 0$, so ergibt Gleichung (89)

$$\nabla\mathfrak{H} = \frac{1}{v}\,\nabla[\mathfrak{u}\mathfrak{D}] - \nabla(\nabla\varphi)$$

$$= \frac{1}{v}\,(\mathfrak{D}\operatorname{rot}\mathfrak{u}) - \frac{1}{v}\,(\mathfrak{u}\operatorname{rot}\mathfrak{D}) - \nabla\cdot(\nabla\varphi).$$

Aber rot $\mathfrak{u} = 0$ und, wie man aus Gleichung (88) erkennt,

$$\mathfrak{u} \operatorname{rot} \mathfrak{D} = 0,$$

weil

$$\mathfrak{u} \perp \mathfrak{H}.$$

Es ist daher:

$$\operatorname{rot}(\nabla \varphi) = \nabla(\nabla \varphi) = 0.$$

Diese Gleichung kann aber nur bestehen, wenn $\nabla \varphi$ im ganzen Raum konstant wäre, was unmöglich ist. Daher ist:

$$\nabla \varphi = 0.$$

Anstatt der Gleichung (89) haben wir daher

(91)
$$\mathfrak{H} = \frac{1}{v} [\mathfrak{u} \mathfrak{D}].$$

Setzt man $\mathfrak{H}$ in die Gleichung (90) ein, so ergibt sich:

$$\mathfrak{D} - \frac{1}{v^2} \big[[\mathfrak{u} \mathfrak{D}] \mathfrak{u}\big] = - \nabla V.$$

Da nun:

$$\big[[\mathfrak{u} \mathfrak{D}] \mathfrak{u}\big] = \mathfrak{u}^2 \mathfrak{D} - \mathfrak{u}(\mathfrak{u} \mathfrak{D}),$$

so folgt:

$$\mathfrak{D} - \frac{u^2}{v^2} \mathfrak{D} + \frac{\mathfrak{u}}{v^2}(\mathfrak{u} \mathfrak{D}) = - \nabla V.$$

Wir haben angenommen, daß die Bewegung in der Richtung $\mathfrak{i}$ stattfinde. Dann wird $(\mathfrak{u} \mathfrak{D})$ gleich $u D_1$. Dadurch erhält man:

(92)
$$\left(1 - \frac{u^2}{v^2}\right) \mathfrak{D} + \mathfrak{i} \frac{u^2}{v^2} D_1 = - \nabla V.$$

Und die Absolutwerte der Komponenten von $\mathfrak{D}$ in den $\mathfrak{i}$-, $\mathfrak{j}$-, $\mathfrak{k}$-Richtungen werden, wenn wir $1 - \frac{u^2}{v^2} = s$ setzen:

(93)
$$\begin{cases} D_1 = - \dfrac{\partial V}{\partial x}, \\[2mm] D_2 = - \dfrac{1}{s} \dfrac{\partial V}{\partial y}, \\[2mm] D_3 = - \dfrac{1}{s} \dfrac{\partial V}{\partial z}. \end{cases}$$

Setzt man diese Werte in die Gleichung für $\mathfrak{H}$ ein, so folgt:

$$(94) \qquad \begin{cases} H_1 = 0, \\ H_2 = \dfrac{u}{vs}\dfrac{\partial V}{\partial z}, \\ H_3 = -\dfrac{u}{vs}\dfrac{\partial V}{\partial y}. \end{cases}$$

II. Bewegung einer „Punktladung".

Eine Ladung e, welche in einem sehr kleinen Volumen konzentriert ist, bewege sich in Richtung der zunehmenden x eines mit der „Punktladung" starr verbundenen Koordinatensystems. — Da $\mathfrak{D}$ solenoidal verteilt, so ist:

$$(95) \qquad s\frac{\partial^2 V}{\partial x^2} + \frac{\partial^2 V}{\partial y^2} + \frac{\partial^2 V}{\partial z^2} = 0.$$

Setzt man versuchsweise:

$$V = \frac{A}{\left(\dfrac{x^2}{s} + y^2 + z^2\right)^{\frac{1}{2}}},$$

so findet man, daß V der Gleichung (95) genügt.

Man erhält dann:

$$(96) \quad \begin{cases} D_1 = \dfrac{Ax}{s\left(\dfrac{x^2}{s}+y^2+z^2\right)^{\frac{3}{2}}} \\[3ex] D_2 = \dfrac{Ax}{s\left(\dfrac{x^2}{s}+y^2+z^2\right)^{\frac{3}{2}}} \\[3ex] D_3 = \dfrac{Az}{s\left(\dfrac{x^2}{s}+y^2+z^2\right)^{\frac{3}{2}}} \end{cases} \begin{cases} H_1 = 0 \\[3ex] H_2 = -\dfrac{u}{vs}\dfrac{Az}{\left(\dfrac{x^2}{s}+y^2+z^2\right)^{\frac{3}{2}}}, \\[3ex] H_3 = \dfrac{u}{vs}\dfrac{Ay}{\left(\dfrac{x^2}{s}+y^2+z^2\right)^{\frac{3}{2}}}. \end{cases}$$

Da $\mathfrak{D}$ radial ist, so kann man schreiben:

$$(97) \qquad \mathfrak{D} = \mathfrak{r}_1\sqrt{D_1{}^2 + D_2{}^2 + D_3{}^2} = \frac{A\mathfrak{r}}{s\left(\dfrac{x^2}{s}+r^2-x^2\right)^{\frac{3}{2}}},$$

wenn $\mathfrak{r}$ den von der Punktladung aus gezogenen Radiusvektor bezeichnet. Ist γ der Winkel, welchen $\mathfrak{r}$ mit $\mathfrak{i}$ bildet, so nimmt $\mathfrak{D}$ den Wert an:

$$(98) \qquad \mathfrak{D} = \frac{\mathfrak{r}_1 A \sqrt{s}}{r^2 \left(1 - \dfrac{u^2}{v^2} \sin^2\gamma\right)^{\frac{3}{2}}} .$$

Die Konstante A bestimmt man durch Benutzung des Umstandes, daß das Oberflächenintegral von $\mathfrak{D}$, genommen über eine die Punktladung einschließende Fläche, gleich der Ladung ist. Die Rechnung soll hier nicht ausgeführt werden; für A ergibt sich $\dfrac{e\sqrt{s}}{4\pi}$; und dadurch wird:

$$(99) \qquad \mathfrak{D} = \frac{\mathfrak{r}_1 s e}{4\pi r^2 \left(1 - \dfrac{u^2}{v^2} \sin^2\gamma\right)^{\frac{3}{2}}} ,$$

$$(100) \qquad H = \frac{eus \sin\gamma}{4\pi r^2 v \left(1 - \dfrac{u^2}{v^2} \sin^2\gamma\right)^{\frac{3}{2}}} .$$

III. Rotationen von Vektorfeldern.

Die Untersuchung rotierender Vektorfelder ist eine schwierige und führt nur in besonderen Fällen zur Lösung.

In der neueren Elektrizitätslehre ist die Rotation von elektromagnetischen Feldern von Wichtigkeit. Dieser wenden wir uns jetzt zu.

Man kann zweckmäßig zwei Klassen von Rotationen geladener Körper unterscheiden, je nachdem nämlich der rotierende Körper Rotationssymmetrie besitzt und um seine Symmetrieachse rotiert oder nicht. Erörtern wir zunächst den allgemeinen, d. h. den letzteren Fall.

Rotiert die Ladung mit konstanter Winkelgeschwindigkeit $\mathfrak{w}$ um eine konstante Achse, so wird, wenn der stationäre Zustand eingetreten ist, das die Ladung umgebende Feld wie ein starrer Körper rotieren.

Um nun die Differentialkoeffizienten $\dfrac{d\mathfrak{H}}{dt}$ und $\dfrac{d\mathfrak{D}}{dt}$ zu bestimmen, welche in den Grundgleichungen

$$\operatorname{rot} \mathfrak{D} = - \frac{1}{v} \frac{d\mathfrak{H}}{dt},$$

$$\operatorname{rot} \mathfrak{H} = \frac{1}{v}\left(\frac{d\mathfrak{D}}{dt} + \varrho\,\mathfrak{u}\right)$$

vorkommen, zerlegen wir diese Koeffizienten in zwei Teile. Der erste Teil der Änderung ist dadurch bedingt, daß infolge der Bewegung des im allgemeinen ungleichförmigen Feldes immer andere Werte des betreffenden Vektors in einem Punkte des ruhenden Äthers auftreten. Ist die Geschwindigkeit des Feldes im Punkte P gleich $\mathfrak{u}$, so wird, wie wir bei der translatorischen Bewegung gesehen haben, diese erste Änderung z. B. der elektrischen Erregung

$$\frac{d\mathfrak{D}}{dt} = - (\mathfrak{u}\nabla)\,\mathfrak{D}.$$

Offenbar würde dieser Teil in einem gleichförmigen Felde verschwinden.

Der zweite Teil rührt davon her, daß durch die Drehbewegung an und für sich der Vektor $\mathfrak{D}$ seine Richtung im Punkte P ändert. Dabei ist diese Änderung für alle Punkte des Vektorfeldes dieselbe, was man leicht erkennt, wenn man erwägt, daß $\mathfrak{D}$ für jeden Punkt des Feldes bei einer Umdrehung einmal seine Richtung umkehrt, falls es senkrecht zur Drehachse steht. Ganz allgemein wird $\mathfrak{D}$ ganz unabhängig von seinem Orte bei jeder Umdrehung einmal seine Richtung und Größe in P wiedererlangen. Ist $\mathfrak{D} \parallel \mathfrak{w}$, so wird die Drehbewegung keine zeitliche Änderung hervorrufen.

Um diesen zweiten Teil zu finden, verfährt man nach A. Föppl so, daß man $\mathfrak{D}$ als Pfeil abbildet und den Ursprung des Pfeiles nach P verlegt. Die Pfeilspitze wird sich, wie wir bereits gesehen haben, mit der Geschwindigkeit

$$\frac{d\mathfrak{r}}{dt} = [\mathfrak{w}\mathfrak{r}]$$

bewegen. Daher ist auch:

$$\frac{\partial\mathfrak{D}}{\partial t} = [\mathfrak{w}\mathfrak{D}].$$

Im ganzen ist daher die zeitliche Änderung eines Vektors, dessen Feld wie ein starrer Körper rotiert:

$$(101) \qquad \frac{d\mathfrak{D}}{dt} = -(\mathfrak{u}\nabla)\mathfrak{D} + [\mathfrak{w}\mathfrak{D}].$$

Rotiert ein gleichförmiges Feld, so ist für einen beliebigen Punkt:

$$-(\mathfrak{u}\nabla)\mathfrak{D} = 0$$

und daher:

$$\frac{d\mathfrak{D}}{dt} = [\mathfrak{w}\mathfrak{D}].$$

Ohne die Allgemeinheit des Problems einzuschränken, können wir die $\mathfrak{k}$-Richtung in die $\mathfrak{w}$-Richtung legen. Dann wird:

$$\frac{d\mathfrak{D}}{dt} = \mathfrak{j}\,w D_1 - \mathfrak{i}\,w D_2.$$

Krummlinige Koordinaten.

a) Zylindrische Koordinaten.

Man erzielt in vielen Fällen eine wesentliche Vereinfachung durch die Verwendung krummliniger Koordinaten. Wir wollen uns auf die Erörterung der zylindrischen und der räumlichen Polarkoordinaten beschränken.

Zunächst stellen wir die Gleichungen des elektromagnetischen Feldes eines rotierenden geladenen Körpers in zylindrischen Koordinaten dar.

Faßt man einen bestimmten Punkt des Feldes ins Auge, so erkennt man leicht, daß die Komponenten der elektrischen Erregung und der magnetischen Kraft in bestimmten Richtungen besondere, „ausgezeichnete" Werte annehmen müssen. Diese „ausgezeichneten" Richtungen sind erstens die Bewegungsrichtung, zweitens die zur Bewegungsrichtung und zur Rotationsachse senkrechte radiale Richtung, drittens die Richtung der als Vektor aufgefaßten Winkelgeschwindigkeit.

Wählt man nun die Grundvektoren i, j, ℓ so, daß i mit der r-Richtung zusammenfällt, j mit der u-Richtung und ℓ mit

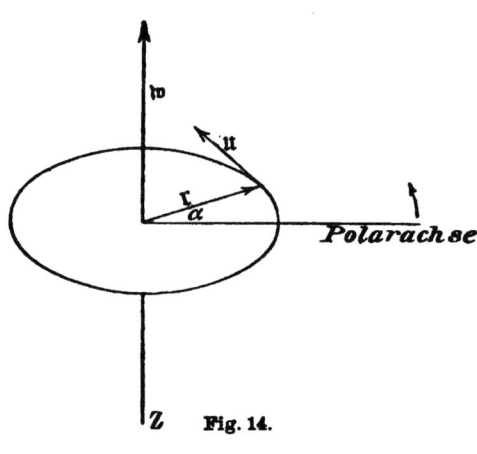

der w-Richtung, so darf man annehmen, daß durch die Wahl dieser Hauptrichtungen eine Vereinfachung erzielt wird. Die entsprechenden zylindrischen Koordinaten seien durch *r*, *α*, *z* gekennzeichnet. Die Polarachse nehme an der Rotation teil. Dann erhält die Bedingung der solenoidalen

Fig. 14.

Verteilung von 𝔥 die Form:

$$(101) \qquad \operatorname{div} \mathfrak{H} = \frac{1}{r}\frac{\partial}{\partial r}(rH_1) + \frac{1}{r}\frac{\partial H_2}{\partial \alpha} + \frac{\partial H_3}{\partial z} = 0.$$

Wo räumliche Verteilung von Elektrizität besteht, ist:

$$(102) \qquad \operatorname{div} \mathfrak{D} = \frac{1}{r}\frac{\partial}{\partial r}(rD_1) + \frac{1}{r}\frac{\partial D_2}{\partial \alpha} + \frac{\partial D_3}{\partial z} = \varrho.$$

Im reinen Äther ist div 𝔇 = 0.

Die Komponenten der Rotation von 𝔥 sind:

$$(103) \quad \begin{cases} (\operatorname{rot} \mathfrak{H})_i = i\left(\frac{1}{r}\frac{\partial H_3}{\partial \alpha} - \frac{\partial H_2}{\partial z}\right), \\[2mm] (\operatorname{rot} \mathfrak{H})_j = j\left(\frac{\partial H_1}{\partial z} - \frac{\partial H_3}{\partial r}\right), \\[2mm] (\operatorname{rot} \mathfrak{H})_\ell = \ell\left(\frac{1}{r}\frac{\partial(rH_2)}{\partial r} - \frac{1}{r}\frac{\partial H_1}{\partial \alpha}\right). \end{cases}$$

Ganz analoge Form hat die Rotation von 𝔇.

Wir transformieren nun die beiden Hauptgleichungen:

$$\text{I.} \qquad \operatorname{rot} \mathfrak{D} = -\frac{1}{v}\frac{d\mathfrak{H}}{dt}$$

$$\text{II.} \qquad \operatorname{rot} \mathfrak{H} = \frac{1}{v}\left(\frac{d\mathfrak{D}}{dt} + \varrho\, \mathfrak{u}\right).$$

Um die zeitlichen Änderungen der Vektoren $\mathfrak{H}$ und $\mathfrak{D}$ in einem im Äther ruhenden Punkte durch räumliche zu ersetzen, beachten wir, daß zunächst z. B.

$$\frac{d\mathfrak{H}}{dt} = -\frac{\partial \mathfrak{H}}{\partial \alpha}\frac{d\alpha}{dt} = -w\frac{\partial \mathfrak{H}}{\partial \alpha}.$$

Die in die Bewegungsrichtung fallende Komponente von $\frac{d\mathfrak{H}}{dt}$, also $-w\mathfrak{j}\frac{\partial H_2}{\partial \alpha}$ läßt sich aber ersetzen durch

$$w\mathfrak{j}\left(\frac{\partial}{\partial r}(H_1 r) + r\frac{\partial H_3}{\partial z}\right), \text{ weil div } \mathfrak{H} = 0.$$

Dann folgt aber:

$$w\frac{\partial \mathfrak{H}}{\partial \alpha} = w \text{ rot } [\mathfrak{H}\mathfrak{j}r].$$

Also ist:

$$\text{rot } \mathfrak{D} = \frac{w}{v}\text{ rot } [\mathfrak{H}\mathfrak{j}r],$$

$$\mathfrak{D} = \frac{w}{v}[\mathfrak{H}\mathfrak{j}r] - \nabla V.$$

Verfährt man ganz analog bei Ersetzung des Koeffizienten $\frac{d\mathfrak{D}}{dt}$,

so findet man unter Benutzung von div $\mathfrak{D} = \varrho$ für die Gleichung II:

$$\text{rot } \mathfrak{H} = \frac{w}{v}\text{ rot } [\mathfrak{j}r\mathfrak{D}]$$

$$\mathfrak{H} = \frac{wr}{v}[\mathfrak{j}\mathfrak{D}] - \nabla \varphi.$$

Für (I) und (II) läßt sich auch schreiben:

$$\mathfrak{D} = \frac{rw}{v}(-\mathfrak{i}H_3 + \mathfrak{k}H_1) - \nabla V,$$

$$\mathfrak{H} = \frac{wr}{v}(+\mathfrak{i}D_3 - \mathfrak{k}D_1) - \nabla \varphi.$$

Setzt man den Wert von $\mathfrak{D}$ in die Gleichung für $\mathfrak{H}$ ein, so folgt

$$\mathfrak{H} = \frac{r^2 w^2}{v^2}(\mathfrak{i}H_1 + \mathfrak{k}H_3) - \frac{wr}{v}\mathfrak{i}\frac{\partial V}{\partial z} + \mathfrak{k}\frac{wr}{v}\frac{\partial V}{\partial r} - \nabla \varphi.$$

Für $\mathfrak{D}$ ergibt sich:

$$\mathfrak{D} = \frac{w^2 r^2}{v^2}(\mathfrak{i}D_1 + \mathfrak{k}D_3) + \frac{wr}{v}\mathfrak{i}\frac{\partial \varphi}{\partial z} - \mathfrak{k}\frac{wr}{v}\frac{\partial \varphi}{\partial r} - \nabla V.$$

Schreibt man $1 - \dfrac{w^2 r^2}{v^2} = s$, so folgt:

$$(106) \qquad \begin{cases} D_1 s = \dfrac{r w}{v}\dfrac{\partial \varphi}{\partial z} - \dfrac{\partial V}{\partial r}, \\[2ex] D_2 = -\dfrac{1}{r}\dfrac{\partial V}{\partial \alpha}, \\[2ex] D_3 s = -\dfrac{r w}{v}\dfrac{\partial \varphi}{\partial r} - \dfrac{\partial V}{\partial z}. \end{cases}$$

$$(107) \qquad \begin{cases} H_1 s = -\dfrac{r w}{v}\dfrac{\partial V}{\partial z} - \dfrac{\partial \varphi}{\partial r}, \\[2ex] H_2 = -\dfrac{1}{r}\dfrac{\partial \varphi}{\partial \alpha}, \\[2ex] H_3 s = \dfrac{r w}{v}\dfrac{\partial V}{\partial r} - \dfrac{\partial \varphi}{\partial z}. \end{cases}$$

Dieses Gleichungssystem gilt für die Rotation beliebig gestalteter geladener Körper. Eine Vereinfachung tritt zunächst ein für den Fall, daß Körper mit Rotationssymmetrie um ihre Symmetrieachse rotieren. Dann wird nämlich alles unabhängig von α. Bei der gleichförmigen Translation konnten wir ferner $\varphi = $ konstant setzen, wodurch die Behandlung sehr vereinfacht wurde. Würde man hier ebenso verfahren, so müßte man sich fragen, welchem konkreten Falle das so vereinfachte Gleichungssystem entspricht. Zunächst findet man, wenn man in $\nabla \mathfrak{H} = 0$ die Komponenten von $\mathfrak{H}$ einsetzt, nachdem man $\nabla \varphi = 0$ geschrieben hat:

$$\frac{\partial}{\partial r}\frac{r^2}{s}\frac{\partial V}{\partial z} = r\frac{\partial}{\partial z}\left(\frac{r}{s}\frac{\partial V}{\partial r}\right),$$

und da

$$\frac{\partial^2 V}{\partial r\,\partial z} = \frac{\partial^2 V}{\partial z\,\partial r},$$

so wäre

$$\frac{\partial V}{\partial z} = 0.$$

Dann wäre aber auch D_3 gleich null.

Zunächst schließen wir also, daß $\nabla \varphi = 0$ einem Falle entsprechen muß, in welchem die Komponenten der elektrischen Erregung, welche der Rotationsachse parallel ist, verschwinden.

Ein solcher Fall ist derjenige eines um seine Achse rotierenden Zylinders, welcher von einem koaxialen mitrotierenden größeren Zylinder eingeschlossen ist.

Da hier auch $\frac{\partial V}{\partial \alpha} = 0$, so haben wir die Gleichungen:

$$(108) \quad \begin{cases} D_1 s = -\dfrac{\partial V}{\partial r}, \\ D_2 = 0, \\ D_3 s = -\dfrac{\partial V}{\partial z}. \end{cases}$$

$$(109) \quad \begin{cases} H_1 s = -\dfrac{rw}{v}\dfrac{\partial V}{\partial z}, \\ H_2 = 0, \\ H_3 s = \dfrac{rw}{v}\dfrac{\partial V}{\partial r}. \end{cases}$$

In dem Zwischenraum zwischen den rotierenden Zylindern ist div $\mathfrak{D} = 0$. Also gemäß Gleichung (102)

$$\frac{1}{r}\frac{\partial}{\partial r}\left(\frac{r}{s}\frac{\partial V}{\partial r}\right) = 0,$$

$$\frac{r}{s}\frac{\partial V}{\partial r} = C,$$

$$\frac{\partial V}{\partial r} = C\left(\frac{1}{r} - \frac{rw^2}{v^2}\right).$$

Um C zu bestimmen, beachten wir, daß die Flächendichte der Elektrizität gleich ist der an dem betreffenden Punkte bestehenden Normalkomponente der elektrischen Erregung

$$-\frac{1}{s}\frac{\partial V}{\partial r} = \sigma.$$

Ist die Länge des Zylinders l, die Ladung q, der Radius des Querschnitts a, so ist

$$\sigma = \frac{q}{2\pi a l},$$

$$-\frac{1}{s}\left(\frac{\partial V}{\partial r}\right)_{r=a} = \frac{q}{2\pi a l}$$

und

$$-\frac{a}{s}\left(\frac{\partial V}{\partial r}\right)_{r=a} = \frac{q}{2\pi l} = C.$$

Dann folgt für den Zwischenraum zwischen den beiden Zylindern

(111)
$$\begin{cases} D_1 = \dfrac{q}{2\pi l r}, \\[2mm] D_2 = 0, \\[2mm] D_3 = 0. \end{cases}$$

(112)
$$\begin{cases} H_1 = 0, \\[2mm] H_2 = 0, \\[2mm] H_3 = \dfrac{wq}{2\pi l v}. \end{cases}$$

b) Räumliche Polarkoordinaten.

Das Feld einer geladenen Kugel.* — Zunächst sollen die Gleichungen wieder für das Feld eines beliebig gestalteten rotierenden geladenen Körpers abgeleitet werden.

Es sei β der Winkel, welchen der von einem festen Punkte der Drehachse gezogene Radius $\mathfrak{r}$ mit der positiven Richtung der Drehachse, d. h. mit der Richtung der als Vektor aufgefaßten Winkelgeschwindigkeit $\mathfrak{w}$ macht. α ist der Winkel, welchen die durch $\mathfrak{r}$ und $\mathfrak{w}$ gelegte Ebene mit einer willkürlich in dem rotierenden Körper festgelegten Meridianebene macht. Ein jeder Punkt in dem elektromagnetischen Felde des rotierenden Körpers ist daher bestimmt durch den Radius $\mathfrak{r}$, die Zenitdistanz β und das Azimut α. Mit diesen Koordinaten wollen wir drei Richtungen verknüpfen. Erstens die Richtung von $\mathfrak{r}$, entsprechend dem Grundvektor $\mathfrak{i}$; zweitens die Richtung, in welcher α zunimmt, d. h. die Bewegungsrichtung, entsprechend einem Grundvektor $\mathfrak{j}$; drittens die auf $\mathfrak{i}$ und $\mathfrak{j}$ senkrechte tangentiale Richtung $\mathfrak{k} = [\mathfrak{ij}]$, in welcher β abnimmt. Das mit dem geladenen Körper rotierende Feld wird wie ein starrer Körper rotieren und den Gleichungen genügen:

(a)
$$\operatorname{div} \mathfrak{D} = \frac{1}{r^2}\frac{\partial}{\partial r}(r^2 D_1) + \frac{1}{r\sin\beta}\frac{\partial D_2}{\partial \alpha}$$
$$- \frac{1}{r\sin\beta}\frac{\partial}{\partial \beta}(\sin\beta\, D_3) = \varrho.$$

---

* A. H. Bucherer, Physik. Zeitschr. **6** 225, 1905.

(b)
$$\operatorname{div} \mathfrak{H} = \frac{1}{r^2} \frac{\partial}{\partial r} (r^2 H_1) + \frac{1}{r \sin \beta} \frac{\partial H_2}{\partial \alpha}$$

$$- \frac{1}{r \sin \beta} \frac{\partial}{\partial \beta} (\sin \beta \, H_3) = 0.$$

(c)
$$\operatorname{rot} \mathfrak{H} = \frac{1}{v} \left(- (\mathfrak{u} \nabla) \mathfrak{D} + \varrho \mathfrak{u} \right).$$

(d)
$$\operatorname{rot} \mathfrak{D} = \frac{1}{v} (\mathfrak{u} \nabla) \mathfrak{H}.$$

Zu diesen Gleichungen ist noch zu bemerken, daß die Indizes 1, 2, 3 die Komponenten nach den drei angegebenen Richtungen bezeichnen. Ferner erkennt man, daß die Differentiation nach t richtig durch den Operator $-(\mathfrak{u}\nabla)$ angegeben ist. $\mathfrak{i}, \mathfrak{j}, \mathfrak{k}$ sind dabei selbstverständlich nicht zu variieren, denn $\frac{d\mathfrak{H}}{dt}$ und $\frac{d\mathfrak{D}}{dt}$ beziehen sich auf Änderungen, welche an einem im Äther ruhenden Punkte vor sich gehen. Man erkennt leicht, daß

$$\mathfrak{u} = \mathfrak{j} \, r w \sin \beta.$$

In Polarkoordinaten hat die Rotation eines beliebigen Vektors $\mathfrak{A}$ die Form:

(e)
$$\left\{
\begin{aligned}
\operatorname{rot} \mathfrak{A} &= \mathfrak{i} \frac{1}{r^2 \sin \beta} \left\{ \frac{\partial (r A_3)}{\partial \alpha} + \frac{\partial}{\partial \beta} (r \sin \beta A_2) \right\} \\
&- \mathfrak{j} \frac{1}{r} \left\{ \frac{\partial A_1}{\partial \beta} + \frac{\partial (r A_3)}{\partial r} \right\} \\
&+ \mathfrak{k} \frac{1}{r \sin \beta} \left\{ \frac{\partial}{\partial r} (r \sin \beta A_2) - \frac{\partial A_1}{\partial \alpha} \right\}.
\end{aligned}
\right.$$

Vergleicht man die Vorzeichen in den Ausdrücken für die Rotation und die Divergenz mit den entsprechenden Vorzeichen bei Verwendung von kartesischen und zylindrischen Koordinaten, so fallen gewisse Abweichungen auf. Diese rühren aber nur von der Wahl der Aufeinanderfolge der drei Grundrichtungen her. — Benutzt man Gleichung (a) und (b), so läßt sich ganz ähnlich wie im vorhergehenden Abschnitt verifizieren, daß:

$$\operatorname{rot} \mathfrak{H} = \operatorname{rot} \frac{w r \sin \beta}{v} [\mathfrak{j} \mathfrak{D}]$$

$$\operatorname{rot} \mathfrak{D} = \operatorname{rot} \frac{w r \sin \beta}{v} [\mathfrak{H} \mathfrak{j}].$$

Durch Integration erhält man hieraus

(f)
$$\mathfrak{H} = \frac{w\,r\sin\beta}{v}\,[\mathfrak{j}\mathfrak{D}] - \nabla\varphi,$$

(g)
$$\mathfrak{D} = \frac{w\,r\sin\beta}{v}\,[\mathfrak{H}\mathfrak{j}] - \nabla V.$$

Diese Gleichungen gelten ganz allgemein für einen beliebigen, um eine konstante Achse mit gleichförmiger Geschwindigkeit rotierenden geladenen Körper.

Die Gleichungen (f) und (g) lassen sich auch schreiben:

$$\mathfrak{H} = \frac{w\,r\sin\beta}{v}\,(\mathfrak{i}\,D_3 - \mathfrak{k}\,D_1) - \nabla\varphi,$$

$$\mathfrak{D} = \frac{w\,r\sin\beta}{v}\,(-\mathfrak{i}\,H_3 + \mathfrak{k}\,H_1) - \nabla V,$$

wo $\nabla\varphi = \mathfrak{i}\dfrac{\partial\varphi}{\partial r} + \mathfrak{j}\dfrac{1}{r\sin\beta}\dfrac{\partial\varphi}{\partial\alpha} - \mathfrak{k}\dfrac{1}{r}\dfrac{\partial\varphi}{\partial\beta}$ und analog ∇V.

Durch wechselseitige Substitution erhält man, wenn man

$$1 - \frac{w^2 r^2 \sin^2\beta}{v^2} = s$$

setzt:

(h)
$$\begin{cases} H_1 s = + \dfrac{w}{v}\sin\beta\,\dfrac{\partial V}{\partial\beta} - \dfrac{\partial\varphi}{\partial r}, \\[2mm] H_2 = - \dfrac{1}{r\sin\beta}\dfrac{\partial\varphi}{\partial\alpha}, \\[2mm] H_3 s = \dfrac{r\,w}{v}\sin\beta\,\dfrac{\partial V}{\partial r} + \dfrac{1}{r}\dfrac{\partial\varphi}{\partial\beta}. \end{cases}$$

(i)
$$\begin{cases} D_1 s = - \dfrac{r\,w\sin\beta}{v}\dfrac{1}{r}\dfrac{\partial\varphi}{\partial\beta} - \dfrac{\partial V}{\partial r}, \\[2mm] D_2 = - \dfrac{1}{r\sin\beta}\dfrac{\partial V}{\partial\alpha}, \\[2mm] D_3 s = - \dfrac{w\,r\sin\beta}{v}\dfrac{\partial\varphi}{\partial r} + \dfrac{1}{r}\dfrac{\partial V}{\partial\beta}. \end{cases}$$

Bei Körpern, welche Rotationssymmetrie besitzen, wird alles unabhängig von α sein, falls sie um ihre Symmetrieachse rotieren. Dann werden H_2 und D_2 verschwinden. Fassen wir daher das Elektron als eine Kugel mit Oberflächenladung auf, so können wir gemäß den Gleichungen (h) und (i) aussagen, daß weder die magnetische noch die elektrische Kraft Komponenten in der Bewegungsrichtung hat.

Da die geladene Fläche das Feld in zwei Teile trennt, so ist es nötig, für jeden der beiden Räume eine besondere Lösung zu erzielen, d. h. V und φ für das Innere des Elektrons und für den Außenraum zu bestimmen. Die Werte, welche V und φ und ihre Ableitungen im Innern haben, sollen durch einen Strich gekennzeichnet werden. Zur Bestimmung von V und φ dienen die Oberflächenbedingungen. Ist σ die Flächendichte, so ist $\sigma = D_1 - D_1'$. Ferner ist die Differenz der Tangentialkomponenten von $\mathfrak{H}$ der Kugel an der Oberfläche:

(k) $$H_3' - H_3 = \frac{\sigma u}{v} = \frac{\sigma w R}{v} \sin \beta,$$

wo R der Radius der Kugel ist. Hier ist ferner $H_1' = H_1$.

Wir machen nun die Annahme, daß die Verteilung der Elektrizität sich nicht ändern kann durch die Drehbewegung. Dann nimmt σ den Wert an $\frac{e}{4 \pi R^2}$ und es wird

$$\sigma = \frac{e}{4 \pi R^2} = D_1 - D_1',$$

$$H_3' - H_3 = \frac{e w \sin \beta}{4 \pi R}.$$

Diese Beziehungen im Verein mit den Gleichungen (h) und (i) legen es nahe, folgende Werte anzusetzen:

(l) $$\begin{cases} V = \frac{e}{4 \pi r} \left(1 - \frac{1}{3} \frac{w^2 R^2 \sin^2 \beta}{v^2} \right) + C_1, \\[2mm] \varphi = \frac{1}{12} \frac{w e \cos \beta \, R^2}{\pi v r^2} - \frac{e w \cos \beta}{4 \pi v} + C_2, \\[2mm] V' = - \frac{e w^2 r^2 \sin^2 \beta}{12 \pi v^2 R} + C_1', \\[2mm] \varphi' = - \frac{w e r \cos \beta}{6 \pi v R} + C_2'. \end{cases}$$

Dann folgt für das innere Feld des Elektrons:

$$D_1' = D_2' = D_3' = 0,$$

$$H_1' = \frac{w e \cos \beta}{6 \pi v R} \qquad H_3' = \frac{w e \sin \beta}{6 \pi v R}$$

und für das äußere:

$$D_1 = \frac{e}{4\,\pi\,r^3}; \quad D_2 = 0, \quad D_3 = 0;$$

$$H_1 = \frac{R^2\,e\,w\,\cos\beta}{6\,\pi\,v\,r^3} \qquad H_3 = -\,\frac{R^2\,e\,w\,\sin\beta}{12\,\pi\,v\,r^3}.$$

§ 12.

Das Greensche Theorem.

Es seien U und V endliche stetige Funktionen der Lage in einem Raume, welcher von einer geschlossenen Fläche begrenzt sei.

Es ist allgemein:

Daher: $\qquad (\nabla U, \nabla V) = \nabla(U \nabla V) - U \nabla^2 V.$

(113) $\qquad \int (\nabla U, \nabla V)\,d\tau = \int \nabla(U\nabla V)\,d\tau - \int U \nabla^2 V\,d\tau.$

Die Integration ist über den begrenzten Raum zu erstrecken.

Nach dem Gaußschen Satze ist nun:

$$\int \nabla(U\nabla V)\,d\tau = \int (U\nabla V)\,d\mathfrak{g}.$$

Daher:

(114) $\qquad \int (\nabla U \nabla V)\,d\tau = \int (U\nabla V)\,d\mathfrak{g} - \int U \nabla^2 V\,d\tau.$

Ist $U = V$, so besteht die Gleichung:

(115) $\qquad \int (\nabla V)^2\,d\tau = \int V \nabla V\,d\mathfrak{g} - \int V(\nabla^2 V)\,d\tau.$

Es befinde sich der vorhin betrachtete abgegrenzte Raum innerhalb einer zweiten Oberfläche. Bezeichnen wir ein Flächenelement der im Innern befindlichen Fläche mit $d\mathfrak{g}_1$ und ein solches der äußern Hülle mit $d\mathfrak{g}_2$, und wenden wir alsdann das Greensche Theorem auf den Zwischenraum zwischen den beiden Flächen an, so ist offenbar gemäß Gleichung (114):

$$\int (\nabla U \nabla V)\,d\tau = \int U \nabla V\,d\mathfrak{g}_1 - \int U \nabla V\,d\mathfrak{g}_2 - \int U \nabla^2 V\,d\tau.$$

$d\mathfrak{g}_2$ sei nun das Flächenelement einer Kugel von unendlich großem Radius.

Wir untersuchen, ob das Integral:

$$\int U \nabla V d\mathfrak{g}_2$$

verschwindet. Erwägt man, daß die äußere Oberfläche, d. h. der Absolutwert von $\mathfrak{g}_2$, proportional der 2. Potenz des Radius r ist, so wird das Integral verschwinden müssen, wenn (UV) von geringerer als der -1. Potenz von r. Die vorhergehende Gleichung nimmt alsdann die Form an:

$$(115\,\text{a}) \quad \int (\nabla U \nabla V) d\tau = \int U \nabla V d\mathfrak{g} - \int U \nabla^2 V d\tau.$$

Die Volumintegration ist nunmehr über den ganzen unendlichen Raum zu erstrecken, welcher die Fläche $\mathfrak{g}$ umgibt. Gleichung (115a) liefert durch Vertauschung von U und V:

$$(116) \quad \int (U \nabla V) d\mathfrak{g} - \int (V \nabla U) d\mathfrak{g} = \int U \nabla^2 V d\tau - \int V \nabla^2 U d\tau.$$

Es ist nützlich, an diese Gleichung eine Betrachtung anzuschließen, welche von fundamentaler Bedeutung ist, und welche auch bei dem später zu behandelnden Beltramischen Theorem in Anwendung kommt.

In dem betrachteten Felde sei die Funktion $U = \frac{1}{r}$. Wir fassen zwei Punkte in dem geschlossenen Raume ins Auge. Von dem einen festen Punkte P aus ziehen wir den Radiusvektor r nach dem zweiten variablen Punkte. In P wird die Funktion U unendlich groß. Wir schließen deshalb diesen Punkt durch eine Kugelhülle von unendlich kleinem Radius ϱ vom Integrationsgebiete aus.

Man findet nun, daß der Raum, welcher von der Kugelhülle umschlossen ist, nichts zu den Volumintegralen der Gleichungen beitragen kann, denn zunächst ist:

$$\nabla^2 U = \nabla^2 \frac{1}{r} = 0,$$

indem:

$$r = \sqrt{(x_1 - x)^2 + (y_1 - y)^2 + (z_1 - z)^2}.$$

Hier bezeichnen x_1, y_1, z_1 die Koordinaten des Punktes P und x, y, z die variablen Koordinaten des Endpunktes des

Radiusvektors. Es ist also, wenn wir die auf die ausgeschiedene Stelle bezüglichen Integrale durch den Index ϱ kennzeichnen:

$$\int_\varrho V \nabla^2 U d\tau = 0.$$

Ferner kann das Integral:

$$\int_\varrho U \nabla^2 V d\tau,$$

wenn es auf die kleine Kugel erstreckt wird, nur kleine Werte von der Ordnung τ^2 liefern.

Man erkennt ferner, daß

$$\int_\varrho U \nabla V d\mathfrak{g},$$

wenn die Integration auf die Oberfläche der ausgeschlossenen, sehr kleinen Kugel erstreckt wird, nur kleine Werte von der Ordnung ϱ liefern kann.

Daher bleibt nur der Ausdruck:

$$\int_\varrho V (\nabla U d\mathfrak{g})$$

in Erwägung zu ziehen.

Bezeichnet man den Wert, welchen V innerhalb der Hülle einnimmt, mit V_0, und erwägt man, daß:

$$\nabla U = \nabla \frac{1}{r} = - \frac{\mathfrak{r}_1}{r^2},$$

daß also $d\mathfrak{g}$ dieselbe Richtung hat wie $-\nabla U$, so kann gesetzt werden:

$$(117) \qquad \int_\varrho V_0 (\nabla U d\mathfrak{g}) = - V_0 4\pi.$$

Hierdurch ist nachgewiesen, daß der Eigenschaft der Funktion U, im Punkte P unendlich zu werden, dadurch Rechnung getragen wird, daß man von den Oberflächenintegralen in Gleichung (116) den von der Kugelhülle herrührenden Ausdruck:

$$4\pi V_0$$

abzieht. Hierdurch geht diese Gleichung über in:

$$(118) \quad 4\pi V_0 = -\int \nabla^2 V \frac{d\tau}{r} + \int \left(\left(\frac{1}{r} \nabla V - V \nabla \frac{1}{r} \right) d\mathfrak{g} \right).$$

Die Volumintegration ist nun auf den ganzen begrenzten Raum zu erstrecken und die Flächenintegration auf die Begrenzung dieses Raumes. Gleichung (116) und Gleichung (118) gelten gleichzeitig, wenn U und V in dem betrachteten Gebiete mit ihren Ableitungen stetig sind. Indem wir nun diese Gleichungen als zusammengehörig auffassen, sehen wir von der Spezialisierung der Funktion U, welche zu Gleichung (118) führte, ab, d. h. die einzige Beschränkung, welche wir den Funktionen auferlegen, ist die erwähnte Stetigkeit im Gebiete τ.

Eine Addition der Gleichungen ergibt:

$$(119) \quad 4\pi V_0 = \int \left(U - \frac{1}{r} \right) \nabla^2 V \, d\tau - \int V \nabla^2 U \, d\tau$$

$$- \int \left(\left[\left(U - \frac{1}{r} \right) \nabla V - V \nabla \left(U - \frac{1}{r} \right) \right] d\mathfrak{g} \right).$$

In dem Falle, wo die Annahme gestattet ist, daß

$$U - \frac{1}{r}$$

an der Oberfläche des betrachteten Gebietes verschwindet, wird:

$$\int \left(U - \frac{1}{r} \right) \nabla V \, d\mathfrak{g} = 0.$$

Kann ferner gesetzt werden:

$$\nabla^2 U = 0,$$

so folgt:

$$(120) \quad 4\pi V_0 = \int \left(U - \frac{1}{r} \right) \nabla^2 V \, d\tau + \int V \nabla \left(U - \frac{1}{r} \right) d\mathfrak{g}.$$

Dies ist der eigentliche Satz von Green.

$U - \dfrac{1}{r}$ wird die **Greensche Funktion** genannt. Sie spielt eine wichtige Rolle in der theoretischen Physik.

Die obige Gleichung läßt sich auch schreiben:

$$(121) \qquad 4\pi V_0 = \int G \nabla^2 V \, d\tau + \int V \nabla G \, d\mathfrak{g}.$$

§ 13.
Der Satz von Beltrami und das Theorem von Poincaré-Lorentz.

Durch Vermittlung eines mit den Greenschen Sätzen verwandten Theorems kann man den Hauptgleichungen des elektromagnetischen Feldes eine Form verleihen, welche es gestattet, die Vorstellungen der älteren Elektrizitätslehre, wie sie insbesondere von W. Weber entwickelt wurden, in vielen wichtigen Punkten mit der Maxwellschen Theorie oder vielmehr mit derjenigen neueren Richtung in der Elektrizitätslehre in Einklang zu bringen, welche sich auf Maxwellschen Grundlagen aufbaut und speziell die elektrodynamischen Wirkungen auf die Bewegungen von Elektronen zurückführt. Das betreffende Theorem wurde zuerst von Poincaré und Lorentz abgeleitet und angewandt. Wir gehen vom Beltramischen Satze aus.

Die Ableitung dieses Satzes gewinnt an Einfachheit durch Anwendung der vektoranalytischen Methode.

Es sei V mit seinen ersten Derivierten in einem der Betrachtung unterworfenen Gebiet eine stete, endliche Funktion des Ortes und außerdem des Abstandes r von einem entsprechend gewählten Punkte.

Eine Variation von V bei Konstanz des Radiusvektors $\mathfrak{r}$, welchen wir von dem Punkte P aus ziehen, für welchen V bestimmt werden soll, bezeichnen wir mit $\nabla_r V$. Bei dieser Differentiation ändern sich also nur die Koordinaten x, y, z des Punktes P.

Eine Variation von V bei Festhaltung der Koordinaten — hierbei wird also V nur nach r differentiiert — soll durch $\mathfrak{r}_1(\mathfrak{r}_1\nabla)V$ gekennzeichnet werden.

Die totale Variation ∇_t von V läßt sich demgemäß darstellen durch:

$$\nabla_t V = \nabla_r V + \mathfrak{r}_1(\mathfrak{r}_1\nabla)V.$$

Nun entwickeln wir den Ausdruck $\nabla_t\left(\nabla_r \dfrac{V}{r}\right)$ und erhalten

$$\nabla_t\left(\nabla_r \frac{V}{r}\right) = \nabla_r^2 \frac{V}{r} + \mathfrak{r}_1(\mathfrak{r}_1\nabla)\nabla_r\frac{V}{r},$$

$$= \frac{1}{r}\nabla_r^2 V + \mathfrak{r}_1(\mathfrak{r}_1\nabla)\{\nabla_t - \mathfrak{r}_1(\mathfrak{r}_1\nabla)\}\frac{V}{r},$$

$$= \frac{1}{r}\nabla_r^2 V - \frac{1}{r^2}\mathfrak{r}_1\nabla_t\{V - (\mathfrak{r}\nabla)V\} - \frac{1}{r}(\mathfrak{r}_1\nabla)^2 V,$$

wo $(\mathfrak{r}_1\nabla)^2 V$ symbolisch für $(\mathfrak{r}_1\nabla)(\mathfrak{r}_1\Delta)V$ steht.

Wir multiplizieren beide Seiten der Gleichung mit $d\tau$ und integrieren über den von einer beliebigen Fläche eingeschlossenen Raum. Dann erhalten wir

$$(122)\int\nabla_t\left(\nabla_r\frac{V}{r}\right)d\tau = \int\frac{1}{r}\nabla_r^2 V d\tau - \int\frac{1}{r^2}\mathfrak{r}_1\nabla_t\left(V - (\mathfrak{r}\nabla)V\right)d\tau$$

$$- \int\frac{1}{r}(\mathfrak{r}_1\nabla)^2 V d\tau.$$

Für das zweite Integral der rechten Seite läßt sich auch schreiben:

$$(123)\qquad -\int\frac{1}{r^2}\mathfrak{r}_1\nabla_t\left(r^2(\mathfrak{r}_1\nabla)\frac{V}{r}\right)d\tau$$

oder:

$$-\int\nabla_t\,\mathfrak{r}_1(\mathfrak{r}_1\nabla)\frac{V}{r}d\tau$$

und nach dem Gaußschen Satze wird hieraus:

$$-\int(\mathfrak{r}_1\nabla)\frac{V}{r}\cdot(\mathfrak{r}_1\,d\mathfrak{g}).$$

Bezeichnen wir den Wert von V im Punkte P mit V_0, so wird dieses Integral an der unteren Grenze $4\pi V_0$. Wenden wir schließlich den Gaußschen Satz auf die linke Seite von (122) an, so erhalten wir:

$$(124) \quad 4\pi V_0 = \int \nabla_r \frac{V}{r} d\mathfrak{g} - \int (\mathfrak{r}_1 \nabla) \frac{V}{r} \mathfrak{r}_1 d\mathfrak{g} + \int \left((\mathfrak{r}_1 \nabla)^2 V - \nabla_r^2 V \right) \frac{d\tau}{r}.$$

Dieser Satz rührt von Beltrami her.

Denkt man sich die Begrenzungsflächen ins Unendliche gerückt und nimmt man an, daß dort infolge der Eigenschaft von V die Oberflächenintegrale verschwinden, so hat man die Gleichung

$$(125) \quad 4\pi V_0 = \int (\mathfrak{r}_1 \nabla)^2 V \frac{d\tau}{r} - \int \nabla_r^2 V \frac{d\tau}{r}.$$

§ 13a.
Die Potentiale von Liénard und Wiechert.

Der Beltramische Satz findet eine wichtige Anwendung in der Lorentzschen Elektronentheorie. Die Grundgleichungen

$$\operatorname{rot} \mathfrak{D} = -\frac{1}{v} \frac{d\mathfrak{H}}{dt},$$

$$\operatorname{rot} \mathfrak{H} = \frac{1}{v} \left(\frac{d\mathfrak{D}}{dt} + \varrho \mathfrak{u} \right)$$

werden wie folgt umgeformt.

Man setzt:

$$(125a) \qquad\qquad \mathfrak{H} = \operatorname{rot} \mathfrak{A},$$

um der Bedingung der solenoidalen Verteilung von $\mathfrak{H}$ zu genügen.

Es ist dann:

$$-\operatorname{rot} \frac{d\mathfrak{A}}{dt} = v \operatorname{rot} \mathfrak{D}$$

oder, integriert:

$$(125b) \qquad\qquad \mathfrak{D} = -\frac{1}{v} \frac{d\mathfrak{A}}{dt} - \nabla V.$$

Differentiiert man nach t, so folgt

$$(126) \qquad\qquad \frac{d\mathfrak{D}}{dt} = -\frac{1}{v} \frac{d^2\mathfrak{A}}{dt} - \frac{d}{dt} \nabla \varphi.$$

Setzt man diesen Wert in die Gleichung für $\operatorname{rot} \mathfrak{H}$ ein, so folgt:

$$(127) \quad \operatorname{rot} \mathfrak{H} = -\frac{1}{v}\left(\frac{1}{v}\frac{d^2\mathfrak{A}}{dt^2} + \frac{d}{dt}\nabla V - \varrho\,\mathfrak{u}\right) = \operatorname{rot}\operatorname{rot}\mathfrak{A}$$

oder

$$(127\mathrm{a}) \quad \nabla\operatorname{div}\mathfrak{A} - \nabla^2\mathfrak{A} = -\frac{1}{v}\left(\frac{1}{v}\frac{d^2\mathfrak{A}}{dt^2} + \frac{d}{dt}\nabla V - \varrho\,\mathfrak{u}\right).$$

Wir knüpfen nun an die Hilfsgröße $\mathfrak{A}$ die weitere Bedingung:

$$(128) \quad v\operatorname{div}\mathfrak{A} + \frac{dV}{dt} = 0.$$

Also auch

$$\nabla\operatorname{div}\mathfrak{A} = -\frac{1}{v}\frac{d}{dt}\nabla V.$$

Dann schreibt sich Gleichung (127)

$$(\mathrm{I}) \qquad \frac{1}{v^2}\frac{d^2\mathfrak{A}}{dt^2} - \nabla^2\mathfrak{A} = \frac{1}{v}\varrho\,\mathfrak{u}.$$

Eine analoge Gleichung läßt sich für V ableiten. Es ist nämlich für Raumteile, wo eine räumliche elektrische Dichte ϱ besteht,

$$\varrho = \operatorname{div}\mathfrak{D}.$$

Daher gemäß Gleichung (125b)

$$\varrho = -\frac{1}{v}\frac{d}{dt}\nabla\mathfrak{A} - \nabla^2 V.$$

Die bereits angewandte Beziehung, Gleichung (128), nach t differentiiert, liefert:

$$\frac{d}{dt}\nabla\mathfrak{A} = -\frac{1}{v}\frac{d^2 V}{dt^2}.$$

Setzt man dies ein, so erhält man

$$(\mathrm{II}) \qquad \frac{1}{v^2}\frac{d^2 V}{dt^2} - \nabla^2 V = \varrho.$$

Wir machen nun die Annahme, daß die magnetische Kraft $\mathfrak{H}$ und die elektrische Erregung $\mathfrak{D}$ im Punkt P herrühren von der Bewegung der Elektronen oder eines einzelnen Elektrons. Die entsprechenden Ätherstörungen breiten sich mit Lichtgeschwindigkeit aus. Eine Ätherstörung, welche zur Zeit t_0 in P eintrifft, hat das Elektron zu einer früheren Zeit t verlassen, so daß der Abstand von P

$$r = v\,(t_0 - t)$$

ist. Dann folgt aber

$$\frac{\partial V}{\partial t} = \frac{\partial V}{\partial r}\frac{dr}{dt} = -v\frac{\partial V}{\partial r},$$

$$\frac{\partial^2 V}{\partial t^2} = v^2\frac{\partial^2 V}{\partial r^2} = v^2(\mathfrak{r}_1\nabla)^2 V.$$

Ganz analog ist:

$$\frac{\partial^2 \mathfrak{A}}{dt^2} = v^2(\mathfrak{r}_1\nabla)^2 \mathfrak{A}.$$

Dann nehmen die Gleichungen (I) und (II) die Form an:

(Ia) $$(\mathfrak{r}_1\nabla)^2 \mathfrak{A} - \nabla^2\mathfrak{A} = \frac{1}{v}\varrho\,\mathfrak{u},$$

(IIa) $$(\mathfrak{r}_1\nabla)^2 V - \nabla^2\dot{V} = \varrho.$$

V und $\mathfrak{A}$ verschwinden im Unendlichen; dann wird gemäß dem Satz von Beltrami durch Einsetzen von (Ia) und (IIa) in Gleichung (125)

(IIb) $$V = \frac{1}{4\pi}\int\left(\frac{1}{r}\varrho\,d\tau\right)_{t=t_0-\frac{r}{v}},$$

(Ib) $$\mathfrak{A} = \frac{1}{4\pi v}\int\left(\frac{1}{r}\varrho\,\mathfrak{u}\,d\tau\right)_{t=t_0-\frac{r}{v}}.$$

Bei Ausführung der Integration ist zu beachten, daß diejenigen in den Volumelementen bestehenden Werte von r bzw. ϱ und $\mathfrak{u}$ zu nehmen sind, welche zu einer um so viel früheren Zeit im betrachteten Raume bestanden, als die betreffenden Erregungen brauchten, um im Zeitpunkte t_0 in P einzutreffen.

Man hat zur Bestimmung von $\mathfrak{D}$ und $\mathfrak{H}$ nunmehr das folgende System von Gleichungen:

$$\mathfrak{H} = \mathrm{rot}\,\mathfrak{A},$$

$$\mathfrak{D} = -\frac{1}{v}\frac{d\mathfrak{A}}{dt} - \nabla V,$$

$$V = \frac{1}{4\pi}\int\left(\frac{1}{r}\varrho\,d\tau\right)_{t=t_0-\frac{r}{v}},$$

$$\mathfrak{A} = \frac{1}{4\pi v}\int\left(\frac{1}{r}\varrho\,\mathfrak{u}\,d\tau\right)_{t=t_0-\frac{r}{v}}.$$

Die Analogie dieser Gleichungen mit denjenigen der Fernwirkungstheorie tritt deutlich hervor.

Es ist noch besonders darauf zu achten, daß bei Anwendung der Gleichungen auf die Bewegungen eines Elektrons letzteres nicht als punktförmig aufzufassen ist. Die Ladung ist als räumlich verteilt in Rechnung zu ziehen. Bei Bildung der Integrale ist daher zu berücksichtigen, daß infolge der Verschiedenheit der Entfernungen r der Volumelemente von dem festen Punkte verschiedene Zeiten t in Rechnung zu ziehen sind. Diesen verschiedenen Zeiten entsprechen verschiedene Lagen des Schwerpunkts des Elektrons.

§ 14.
Das Huyghenssche Prinzip.

Die Gleichung von Beltrami:

$$4\pi\varphi_0 = -\int \frac{\mathfrak{r}_1}{r}(\mathfrak{r}_1\nabla)\varphi\,d\mathfrak{g} + \int \frac{\mathfrak{r}_1}{r^2}\varphi\,d\mathfrak{g} + \int \frac{1}{r}\nabla_r\varphi\,d\mathfrak{g}$$
$$-\int \frac{1}{r}\nabla_r{}^2\varphi\,dv + \int \frac{1}{r}(\mathfrak{r}_1\nabla)^2\varphi\,dv$$

kann auch dazu dienen, das Huyghenssche Prinzip mathematisch zu formulieren.

Besteht an einer Stelle des Raumes eine durch Wellen erzeugte Erregung, so kann man sich diese Erregung als von den Punkten einer die betreffende Stelle einschließenden Fläche ausgehend vorstellen, vorausgesetzt, daß diese im übrigen beliebig konstruierte Fläche die Quellen der Wellenbewegung nicht mit einschließt. Dieser von Huyghens herstammende Gedanke wurde zuerst von Kirchhoff formuliert und später von Beltrami aus der Gleichung (124) abgeleitet.

Die Überlegungen sind ganz analog denjenigen, welche bei dem Poincaré-Lorentzschen Satze in Betracht kommen. Die Wellenbewegung breite sich wieder mit der Geschwindigkeit v aus. Dann ist, wie früher:

$$r = v(t_0 - t)$$

und

$$\frac{\partial^2\varphi}{\partial t^2} = v^2\frac{\partial^2\varphi}{\partial r^2} = v^2(\mathfrak{r}_1\nabla)^2\varphi.$$

Folgen daher die Schwingungen dem Gesetze:

$$\frac{\partial^2 \varphi}{\partial t^2} = v^2 \nabla^2 \varphi,$$

d. h.:

$$\frac{\partial^2 \varphi}{\partial r^2} = \nabla^2 \varphi,$$

so werden die Volumintegrale in Gleichung (124) verschwinden, und man erhält für eine beliebige Stelle, wo φ den Wert φ_0 hat, wenn man diese Stelle durch eine beliebige Fläche einschließt:

$$(129) \quad 4\pi\varphi_0 = \int \frac{\mathfrak{r}_1}{r^2} \varphi_{t_0 - \frac{r}{v}} d\mathfrak{g} - \int \frac{\mathfrak{r}_1}{r} (\mathfrak{r}_1 \nabla) \varphi_{t_0 - \frac{r}{v}} d\mathfrak{g} + \int \frac{1}{r} \nabla_r \varphi_{t_0 - \frac{r}{v}} d\mathfrak{g},$$

oder:

$$(130) \quad 4\pi\varphi_0 = \int \frac{1}{r} \nabla_r \varphi_{t_0 - \frac{r}{v}} d\mathfrak{g} - \int \mathfrak{r}_1 (\mathfrak{r}_1 \nabla) \left(\frac{\varphi}{r}\right)_{t_0 - \frac{r}{v}} d\mathfrak{g}.$$

Diese Gleichung drückt das Huyghenssche Prinzip aus. Der Strahlungsvorgang in einem Punkte wird dadurch zurückgeführt auf Erregungen, welche zu einer früheren Zeit $t = t_0 - \frac{r}{v}$ von den Elementen einer den betreffenden Punkt beliebig umschließenden Fläche mit Lichtgeschwindigkeit ausgegangen waren.

§ 15.
Zur Hydrodynamik idealer Flüssigkeiten.
Der Helmholtzsche Satz.

Die folgenden Entwicklungen beziehen sich auf sogenannte ideale Flüssigkeiten, d. h. solche, welchen weder Kompressibilität, innere Reibung, noch Kapillarität zukommt.

Die Bewegungserscheinungen solcher Flüssigkeiten sind durch größere Einfachheit ihrer Gesetzmäßigkeiten ausgezeichnet.

Bei der Untersuchung des Bewegungszustandes einer Flüssigkeit kann man sich fragen, wie ändert sich dieser Bewegungszustand im Laufe der Zeit in einem bestimmten Punkte des Raumes. Man kann aber auch ein bestimmtes Flüssigkeitsteilchen ins Auge fassen und sich fragen, wie ändert sich der Bewegungszustand dieses Teilchens im Laufe der Zeit. Wir wenden uns hauptsächlich zur Beantwortung der letzteren Frage.

Besteht in einem Punkte im Innern einer Flüssigkeit der Druck p, so wirkt daselbst eine Kraft:

$$-\nabla p,$$

und das in dem betreffenden Punkte befindliche Flüssigkeitsteilchen würde, wenn keine andere Kraft vorhanden wäre, eine Beschleunigung erfahren, welche gleich wäre:

$$\frac{d\mathfrak{u}}{dt} = -\frac{1}{\varrho}\nabla p,$$

wenn $\mathfrak{u}$ die Geschwindigkeit des Teilchens ist, und wenn ϱ die als konstant angenommene Dichte bedeutet. Wirkt außerdem noch eine äußere Kraft $\mathfrak{F}$ auf das Teilchen, so beträgt die Beschleunigung:

(131) $$\frac{d\mathfrak{u}}{dt} = \mathfrak{F} - \frac{1}{\varrho}\nabla p.$$

In dem Differentialquotienten bedeutet d eine unendlich kleine Änderung, welche dasselbe Teilchen erfährt. Diese Änderung rührt von zwei Ursachen her. Befindet sich nämlich das Teilchen zur Zeit t in P, so wird die Geschwindigkeit $\mathfrak{u}$ an dieser Stelle in der Zeit dt sich um einen gewissen Betrag ändern und zwar um:

$$\frac{\partial \mathfrak{u}}{\partial t}\, dt;$$

durch $\frac{\partial}{\partial t}$ ist eine Differentiation bei konstantem Ort angedeutet.

Ferner ändert sich die Geschwindigkeit $\mathfrak{u}$ dadurch, daß das Teilchen in der Richtung von $\mathfrak{u}$ zu einer Stelle gelangt, wo die Geschwindigkeit eine andere ist. Bezeichnen wir eine sehr kleine Wegstrecke in dieser Richtung mit ds, so ist die zweite Änderung ausgedrückt durch:

$$\frac{\partial \mathfrak{u}}{\partial s}\, u\, dt.$$

Denn offenbar ist die Änderung von $\mathfrak{u}$ pro Einheit der Strecke:

$$\frac{\partial \mathfrak{u}}{\partial s}.$$

In einer Sekunde legt das Teilchen u cm zurück. Für die Strecke u beträgt daher die Änderung:

$$\frac{\partial \mathfrak{u}}{\partial s} u.$$

Folglich in der Zeit dt:

$$\frac{\partial \mathfrak{u}}{\partial s} u \, dt.$$

Dieser Ausdruck nimmt aber die Form an, wie wir gesehen haben:

$$(\mathfrak{u}\nabla)\mathfrak{u}\, dt.$$

Daher besteht die Gleichung:

$$(132) \qquad \frac{d\mathfrak{u}}{dt} - \frac{\partial \mathfrak{u}}{\partial t} + (\mathfrak{u}\nabla)\mathfrak{u} = \mathfrak{F} - \frac{1}{\varrho}\nabla p.$$

Dies ist die vektoranalytische Form der Eulerschen Gleichungen.

Es ist nun:

$$(\mathfrak{u}\nabla)\mathfrak{u} = \frac{1}{2}\nabla(\mathfrak{u}\cdot\mathfrak{u}) + [\operatorname{rot}\mathfrak{u}\cdot\mathfrak{u}];$$

daher:

$$\frac{d\mathfrak{u}}{dt} = \frac{\partial \mathfrak{u}}{\partial t} + \frac{1}{2}\nabla\mathfrak{u}^2 + 2[\mathfrak{w}\,\mathfrak{u}] = \mathfrak{F} - \frac{1}{\varrho}\nabla p.$$

Nimmt man die Rotation von beiden Seiten der Gleichung, so findet man:

$$2\frac{\partial \mathfrak{w}}{\partial t} = 2\operatorname{rot}[\mathfrak{w}\,\mathfrak{u}] = \operatorname{rot}\mathfrak{F}.$$

Berücksichtigt man ferner, daß:

$$\nabla\mathfrak{w} = \frac{1}{2}\nabla\operatorname{rot}\mathfrak{u} = 0,$$

und daß infolge der Inkompressibilität:

$$\nabla\mathfrak{u} = 0,$$

so wird:

$$(133) \qquad \operatorname{rot}[\mathfrak{w}\,\mathfrak{u}] = (\mathfrak{u}\nabla)\mathfrak{w} - (\mathfrak{w}\nabla)\mathfrak{u},$$

und man erhält:

$$(134) \qquad \frac{\partial \mathfrak{w}}{\partial t} + (\mathfrak{u}\nabla)\mathfrak{w} - (\mathfrak{w}\nabla)\mathfrak{u} = \frac{1}{2}\operatorname{rot}\mathfrak{F}.$$

Knüpft man nun dieselben Erwägungen an:

$$\frac{d\mathfrak{w}}{dt},$$

wie an:
$$\frac{d\mathfrak{u}}{dt},$$

so erkennt man, daß es gestattet ist, zu setzen:
$$\frac{\partial \mathfrak{w}}{\partial t} = \frac{d\mathfrak{w}}{dt} - (\mathfrak{u}\nabla)\,\mathfrak{w}.$$

Daher erhält man die berühmte Helmholtzsche Gleichung:

(135) $$\frac{d\mathfrak{w}}{dt} = (\mathfrak{w}\nabla)\,\mathfrak{u} + \frac{1}{2}\operatorname{rot}\mathfrak{F}.$$

Ist $\mathfrak{F}$ von einem Potential ableitbar, so ist:
$$\operatorname{rot}\mathfrak{F} = 0,$$
und es gilt dann die Beziehung:
$$\frac{d\mathfrak{w}}{dt} = (\mathfrak{w}\nabla)\,\mathfrak{u}.$$

Ist ferner die Winkelgeschwindigkeit $\mathfrak{w}$ in irgendeinem Zeitpunkt null, so wird:
$$\frac{d\mathfrak{w}}{dt} = 0.$$

In Worten: Rotiert ein Flüssigkeitsteilchen zu irgendeiner Zeit nicht, so rotiert es niemals.

Teilchen, welche rotieren, werden niemals aufhören zu rotieren.

Über die Potentialbewegung idealer Flüssigkeiten.

Die Bewegung einer Kugel in einer idealen Flüssigkeit.

Von den so interessanten Bewegungserscheinungen der Flüssigkeiten wollen wir noch einen einfacheren Spezialfall der Betrachtung unterziehen.

Die Eulersche Gleichung:
$$\frac{\partial \mathfrak{u}}{\partial t} + \frac{1}{2}\nabla \mathfrak{u}^2 + 2\,[\mathfrak{w}\mathfrak{u}] = \mathfrak{F} - \frac{1}{\varrho}\nabla p$$

läßt sich für den Fall, daß $\mathfrak{u}$ von einem Potential φ ableitbar ist und daß der äußeren Kraft $\mathfrak{F}$ ebenfalls ein Potential V zukommt, auf die Form bringen:

$$(136) \qquad \frac{\partial}{\partial t}\nabla\varphi + \frac{1}{2}\nabla(\nabla\varphi)^2 = \nabla V - \frac{1}{\varrho}\nabla p,$$

indem:

$$\mathrm{rot}\ \mathfrak{u} = 2\ \mathfrak{w} = 0.$$

Diese Gleichung läßt sich integrieren und liefert dann:

$$(137) \qquad f(t) + \frac{\partial\varphi}{\partial t} + \frac{1}{2}(\nabla\varphi)^2 = V - \frac{1}{\varrho}p.$$

Zur Bestimmung von φ und p dient noch die Gleichung, welche die Inkompressibilität der Flüssigkeit ausdrückt:

$$\nabla^2\varphi = 0.$$

Diese Gleichungen genügen zur eindeutigen Bestimmung von p und den Derivierten von φ, d. h. den Geschwindigkeitskomponenten. In einem einfach zusammenhängenden Raume ist auch φ eine eindeutige Funktion des Ortes und der Zeit. Wirkt auf die Flüssigkeitsteilchen keine äußere Kraft, so kann man setzen:

$$V = 0$$

und erhält:

$$(138) \qquad f(t) + \frac{\partial\varphi}{\partial t} + \frac{1}{2}(\nabla\varphi)^2 = -\frac{1}{\varrho}p.$$

Ist die Strömung stationär, so wird:

$$f(t) = K',$$

wo K' eine Konstante bedeutet und

$$\frac{\partial\varphi}{\partial t} = 0.$$

Man hat daher für die stationäre Strömung einer idealen von Wirbelbewegung freien Flüssigkeit, in welcher nur der hydrodynamische Druck p wirksam ist, die Gleichungen:

$$(139) \qquad \frac{1}{2}(\nabla\varphi)^2 + \frac{1}{\varrho}p = K,$$

$$\nabla^2\varphi = 0.$$

Bei der Untersuchung eines konkreten Falles müssen die experimentellen Bedingungen zur Bestimmung von φ genau umschrieben sein.

Nehmen wir den von Dirichlet behandelten Fall, wo eine Kugel vom Radius R in einer unendlich großen Flüssigkeitsmasse ruht. Die Bewegung der Flüssigkeit habe die Richtung der zunehmenden z in einem Koordinatensystem, dessen Ursprung im Mittelpunkt der Kugel sich befinde. In der Nähe der Kugel wird die Bewegung der Flüssigkeitsteilchen von der z-Richtung abweichen. Dicht an der Kugel bewegen sich die Teilchen längs der Oberfläche. Bezeichnet daher r den Abstand eines Teilchens vom Mittelpunkt der Kugel, so wird für:

$$R = r$$

$$\frac{\partial \varphi}{\partial r} = 0.$$

Setzt man nun:

(140)
$$\varphi = u_0 \cos (r\mathfrak{z}) \left(\frac{R^3}{2 r^2} + r \right),$$

wo u_0 die Geschwindigkeit in der $\mathfrak{z}$-Richtung in weiter Entfernung von der Kugel bedeutet, so genügt diese Beziehung der obigen Bedingung und der Forderung:

$$\nabla^2 \varphi = 0.$$

Die Komponenten der Geschwindigkeit sind demnach:

(141)
$$\begin{cases} \dfrac{\partial \varphi}{\partial x} = \quad -\dfrac{3}{2} u_0 \dfrac{R^3 x \cos (\mathfrak{r}\mathfrak{z})}{r^4}, \\[2mm] \dfrac{\partial \varphi}{\partial y} = \quad -\dfrac{3}{2} u_0 \dfrac{R^3 y \cos (\mathfrak{r}\mathfrak{z})}{r^4}, \\[2mm] \dfrac{\partial \varphi}{\partial z} = u_0 - \dfrac{3}{2} \dfrac{u_0 R^3 z \cos (\mathfrak{r}\mathfrak{z})}{r^4} + \dfrac{1}{2} u_0 \dfrac{R^3}{r^3}. \end{cases}$$

Die Geschwindigkeit $u = (\nabla \varphi)$ nimmt den Wert an:

$$u = \nabla \varphi = \sqrt{\left(\frac{\partial \varphi}{\partial x} \right)^2 + \left(\frac{\partial \varphi}{\partial y} \right)^2 + \left(\frac{\partial \varphi}{\partial z} \right)^2}.$$

Um die Geschwindigkeit an der Kugeloberfläche zu finden, setzt man in diesen Ausdruck die Werte ein, welche $\frac{\partial \varphi}{\partial x}, \frac{\partial \varphi}{\partial y}, \frac{\partial \varphi}{\partial z}$ annehmen, wenn in denselben

$$r = R$$

gesetzt wird und man dabei beachtet, daß:

$$\cos{(\mathfrak{r}\mathfrak{z})} = \frac{z}{r};$$

man findet dann:

$$u_{r=R} = (\nabla\varphi)_{r=R} = \frac{3}{2}\frac{u_0}{R}\sqrt{R^2 - z^2}.$$

Die spezialisierte Eulersche Gleichung lautet dann für Stellen an der Oberfläche:

$$\frac{9}{8}u_0^2\frac{R^2 - z^2}{R^2} + \frac{1}{\varrho}p = K;$$

und daher:

(142)
$$p = K' - \frac{9\varrho}{8}u_0^2\frac{R^2 - z^2}{R^2}.$$

Man erkennt sofort, daß p für positive und negative z den gleichen Wert erhält, d. h. der hydrodynamische Druck p wirkt auf den Seiten der Kugel, welche der Stromrichtung zu- bzw. abgewandt sind, mit derselben Stärke.

Die Folge ist, daß die Kugel in der strömenden Flüssigkeit ruht. Da die relative Bewegung in dem betrachteten Falle umkehrbar ist, so folgt auch, daß eine Kugel, welche sich in einer unbegrenzten idealen ruhenden Flüssigkeit mit geradliniger gleichförmiger Geschwindigkeit bewegt, keinen Widerstand erfährt, ein Resultat, welches zuerst von Dirichlet gefunden wurde.

In den vorstehenden Entwickelungen haben wir ein einzelnes Flüssigkeitsteilchen der Untersuchung unterzogen. Man kann nun weiter die Frage stellen, wie gestaltet sich der Bewegungszustand einer abgegrenzten Flüssigkeitsmenge an einer bestimmten Stelle des Raumes. Fassen wir ein unendlich kleines kugelförmiges Volumen der Flüssigkeit an einer bestimmten Stelle ins Auge, so kann in der sehr kurzen Zeit dt dieses Volumen eine Translation als Ganzes erfahren haben, es kann eine Rotation ausgeführt haben, oder die Kugel hat eine im allgemeinen elliptische Deformation erlitten. Schließlich kann auch eine Kombination dieser Bewegungsarten eingetreten sein. Wir haben nun früher [siehe Gleichung (55)] für den

Bewegungszustand in der unmittelbaren Umgebung eines bestimmten Punktes den ganz allgemeinen Ausdruck gefunden, welcher alle Bewegungsarten einschließt:

$$(143) \qquad \mathfrak{A} = \mathfrak{A}_0 + \nabla_\mathfrak{r}(\mathfrak{A}\mathfrak{r}) + [\mathrm{rot}\,\mathfrak{A}\mathfrak{r}],$$

wo r die vom Punkte aus gezogenen unendlich kleinen Radienvektoren bedeuten.

Nun wissen wir, daß

$$\mathfrak{A}_0 + \frac{1}{2}[\mathrm{rot}\,\mathfrak{A}\mathfrak{r}]$$

dem translatorischen und dem rotatorischen Anteil der Bewegung Rechnung trägt. Folglich finden wir den der Deformation zukommenden Anteil $\mathfrak{D}$ durch Subtraktion von dem allgemeinen Ausdruck:

$$(144) \qquad \mathfrak{D} = \nabla_\mathfrak{r}(\mathfrak{A}\mathfrak{r}) + \frac{1}{2}[\mathrm{rot}\,\mathfrak{A}\mathfrak{r}].$$

Die Rotation dieses Ausdrucks muß null sein, weil er allein der Deformation Rechnung trägt.

Nun erhält man für rot $\mathfrak{D}$:

$$(145) \quad \mathrm{rot}\,\mathfrak{D} = \mathrm{rot}\,\nabla(\mathfrak{A}\mathfrak{r}) - \mathrm{rot}\,\nabla_\mathfrak{A}(\mathfrak{A}\mathfrak{r}) + \frac{1}{2}\mathrm{rot}\,[\mathrm{rot}\,\mathfrak{A}\mathfrak{r}].$$

Es ist aber der erste Term der rechten Seite null, weil $(\mathfrak{A}\mathfrak{r})$ ein Skalar.

Ferner:

$$\mathrm{rot}\,\nabla_\mathfrak{A}(\mathfrak{A}\mathfrak{r}) = \mathrm{rot}\,\mathfrak{A}.$$

Folglich:

$$(145\,\mathrm{a}) \qquad \mathrm{rot}\,\mathfrak{D} = -\,\mathrm{rot}\,\mathfrak{A} + \frac{1}{2}\mathrm{rot}\,[\mathrm{rot}\,\mathfrak{A}\mathfrak{r}].$$

Nimmt man die Rotation von beiden Seiten der Gleichung (143), so findet man:

$$\mathrm{rot}\,\mathfrak{A} = -\,\mathrm{rot}\,\mathfrak{A} + \mathrm{rot}\,[\mathrm{rot}\,\mathfrak{A}\mathfrak{r}]$$

oder:

$$\mathrm{rot}\,\mathfrak{A} = \frac{1}{2}\mathrm{rot}\,[\mathrm{rot}\,\mathfrak{A}\mathfrak{r}].$$

Setzt man dies in Gleichung (145) ein, so findet man in der Tat:

$$(146) \qquad \mathrm{rot}\,\mathfrak{D} = 0.$$

Zusammenstellung der Formeln.

Vektoren werden mit deutschen Buchstaben gekennzeichnet. Die Grundvektoren i, j, $\mathfrak{k}$ entsprechen in ihrer Aufeinanderfolge einem Rechtssystem. Die Absolutwerte eines Vektors werden durch den entsprechenden lateinischen Buchstaben oder durch Einschließung in zwei senkrechte Linien gekennzeichnet.

$$\text{Absolutwert von } \mathfrak{A} = A \text{ oder } |\mathfrak{A}|,$$

$$\text{Absolutwert von } \frac{d^2\mathfrak{A}}{dt^2} = \left|\frac{d^2\mathfrak{A}}{dt^2}\right|.$$

Die Absolutwerte der Komponenten eines Vektors $\mathfrak{A}$ in den i-, j-, $\mathfrak{k}$-Richtungen werden durch die Indizes 1, 2, 3 gekennzeichnet:

(1) $$\mathfrak{A} = i A_1 + j A_2 + \mathfrak{k} A_3.$$

Ein Einheitsvektor in der Richtung von $\mathfrak{A}$ wird $\mathfrak{A}_1$ geschrieben:

(2) $$\mathfrak{A} = A\,\mathfrak{A}_1.$$

Das skalare Produkt zweier Vektoren wird durch Einschließung in eine runde Klammer kenntlich gemacht:

(3) $$(\mathfrak{A}\mathfrak{B}) = A\,B \cos(\mathfrak{A}\mathfrak{B}).$$

Das Vektorprodukt von $\mathfrak{A}$ und $\mathfrak{B}$ wird geschrieben:

$$[\mathfrak{A}\mathfrak{B}].$$

Die Aufeinanderfolge von $\mathfrak{A}$, $\mathfrak{B}$, und $[\mathfrak{A}\mathfrak{B}]$ entspricht einem Rechtssystem. Der Zahlenwert ist: $A\,B \sin(\mathfrak{A}\mathfrak{B})$.

Es ist:

(4)
$$[\mathfrak{A}\mathfrak{B}] = \begin{vmatrix} i & j & \mathfrak{k} \\ A_1 & A_2 & A_3 \\ B_1 & B_2 & B_3 \end{vmatrix}.$$

(5)
$$[\mathfrak{A}[\mathfrak{B}\mathfrak{C}]] = \mathfrak{B}(\mathfrak{A}\mathfrak{C}) - \mathfrak{C}(\mathfrak{A}\mathfrak{B}).$$

(6)
$$\mathfrak{A}[\mathfrak{B}\mathfrak{C}] = \begin{vmatrix} A_1 & A_2 & A_3 \\ B_1 & B_2 & B_3 \\ C_1 & C_2 & C_3 \end{vmatrix}.$$

(7) Der Operator ∇ wird Nabla genannt und ist definiert durch:

$$\nabla = i\frac{\partial}{\partial x} + j\frac{\partial}{\partial y} + \mathfrak{k}\frac{\partial}{\partial z}.$$

(8)
$$\nabla\mathfrak{A} = \frac{\partial A_1}{\partial x} + \frac{\partial A_2}{\partial y} + \frac{\partial A_3}{\partial z}.$$

(9)
$$\nabla A = i\frac{\partial A}{\partial x} + j\frac{\partial A}{\partial y} + \mathfrak{k}\frac{\partial A}{\partial z}.$$

(10)
$$\text{rot } \mathfrak{A} = [\nabla\mathfrak{A}] = \begin{vmatrix} i & j & \mathfrak{k} \\ \frac{\partial}{\partial x} & \frac{\partial}{\partial y} & \frac{\partial}{\partial z} \\ A_1 & A_2 & A_3 \end{vmatrix}.$$

(11)
$$\frac{\partial A}{\partial r} = (\mathfrak{r}_1\nabla)A = \mathfrak{r}_1(\nabla A).$$

(12)
$$\mathfrak{A}\, d\mathfrak{A}_1 = 0.$$

(13)
$$\nabla r = \mathfrak{r}_1; \quad \nabla\mathfrak{r}_1 = \frac{2}{r}; \quad \nabla\mathfrak{r} = 3.$$

(14)
$$\nabla\frac{1}{r} = -\frac{\mathfrak{r}_1}{r^2}.$$

(15)
$$\text{rot } \nabla A = 0.$$

(16)
$$\text{div rot } \mathfrak{A} = 0.$$

(17)
$$\nabla A\mathfrak{B} = A(\nabla\mathfrak{B}) + (\mathfrak{B}\cdot\nabla A).$$

(18)
$$\nabla[\mathfrak{A}\mathfrak{B}] = \mathfrak{B}\text{ rot }\mathfrak{A} - \mathfrak{A}\text{ rot }\mathfrak{B}.$$

(19) $\qquad \text{rot } A\mathfrak{B} = A \text{ rot } \mathfrak{B} + [\nabla A \cdot \mathfrak{B}].$

(20) $\qquad \text{rot}^2 \mathfrak{A} = \nabla \text{ div } \mathfrak{A} - \nabla^2 \mathfrak{A}.$

(21) $\qquad \text{rot } [\mathfrak{A}\mathfrak{B}] = \mathfrak{A}(\nabla \mathfrak{B}) - \mathfrak{B}(\nabla \mathfrak{A}) + (\mathfrak{B}\nabla)\mathfrak{A} - (\mathfrak{A}\nabla)\mathfrak{B}.$

(22) $\qquad (\mathfrak{A}\nabla)\mathfrak{B} = \nabla_{\mathfrak{A}}(\mathfrak{A}\mathfrak{B}) + [\text{rot } \mathfrak{B}\mathfrak{A}].$

Der Index $\mathfrak{A}$ bedeutet hier, daß $\mathfrak{A}$ konstant zu halten ist.

(23) $\qquad \nabla^2\mathfrak{A} = \dfrac{\partial^2 \mathfrak{A}}{\partial x^2} + \dfrac{\partial^2 \mathfrak{A}}{\partial y^2} + \dfrac{\partial^2 \mathfrak{A}}{\partial z^2}.$

(24) $\qquad \nabla^2 A = \text{div} \nabla A = \dfrac{\partial^2 A}{\partial x^2} + \dfrac{\partial^2 A}{\partial y^2} + \dfrac{\partial^2 A}{\partial z^2}.$

Das vektorielle Flächenelement $d\mathfrak{g}$ bedeutet einen Vektor, welcher auf dem Elemente der Fläche senkrecht steht, dessen Absolutwert gleich dem Flächeninhalte des Elementes ist und dessen Richtung bestimmt ist durch den Trassierungssinn des Flächenelementes. Er weist immer nach der Richtung, in welcher sich eine rechtsgängige Schraube fortbewegen würde, wenn sie im Sinne der Trassierung gedreht würde. Die vektoriellen Flächenelemente geschlossener Flächen weisen immer nach außen und demgemäß hat man den Sinn der Trassierung zu suchen. — Bezeichnet man mit $d\mathfrak{r}$ ein Element einer Kurve und mit $d\tau$ ein Element eines Volumens, so ist:

(25) $\qquad \displaystyle\int \mathfrak{A}\,d\mathfrak{r} = \int \text{rot } \mathfrak{A}\,d\mathfrak{g}. \qquad$ (Stokes.)

(26) $\qquad \displaystyle\int \mathfrak{A}\,d\mathfrak{g} = \int \text{div } \mathfrak{A}\,d\tau. \qquad$ (Gauß.)

(24) $\qquad \displaystyle\int A\,d\mathfrak{g} = \int \nabla A\,d\tau.$

(25) $\qquad \displaystyle\int [\mathfrak{A}\,d\mathfrak{g}] = -\int \text{rot } \mathfrak{A}\,d\tau. \qquad$ (Föppl.)

Sind U und V stetige endliche Funktionen der Lage im Raume, so gelten die Beziehungen:

$$(26) \begin{cases} \int (\nabla U \nabla V) d\tau = \int \dot{U}(\nabla V) \, dg - \int U \nabla^2 V d\tau, \\ 4\pi V_0 = -\int \nabla^2 V \frac{d\tau}{r} + \int \left(\frac{1}{r} \nabla V - V \nabla \frac{1}{r}\right) dg, \\ 4\pi V_0 = \int G \nabla^2 V d\tau + \int V \nabla G dg, \end{cases} \quad \begin{array}{l} \text{Greensche} \\ \text{Sätze.} \end{array}$$

Der Satz von Beltrami:

$$(27) \quad 4\pi V_0 = \int \nabla_r \frac{V}{r} dg - \int (\mathfrak{r}_1 \nabla) \frac{V}{r} \mathfrak{r}_1 \, dg + \int \left((\mathfrak{r}_1 \nabla)^2 V - \nabla_r^2 V\right) \frac{d\tau}{r}.$$

Das Huyghenssche Prinzip:

$$(28) \qquad 4\pi V_0 = \int \nabla_r \frac{V}{r} dg - \int (\mathfrak{r}_1 \nabla) \frac{V}{r} \mathfrak{r}_1 \, dg.$$